行銷超限戰

行銷定位與市場戰略

許長田 教授 著

弘智文化事業有限公司

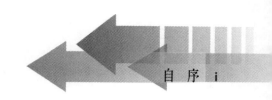
自 序

　　際此跨世紀知識管理（Knowledge Management）暨企業優勢競爭的勁爆新世代， 企業行銷的特戰秘訣即是企業市場行銷策略（Marketing Strategies）與戰略性市場作戰戰力（Strategic Market Forces）的全方位整合行銷（Overall & Integrated Marketing）。因此，一流的市場行銷戰略高手必須具備行銷戰略與市場攻略的決戰本領，方能掌握「贏的策略」，進而開創永續經營企業的行銷業績與強化市場核心競爭力。

　　茲以戰略性行銷學的專業策略而言，「行銷超限戰」的優勢與利基即是卡位戰略（Rollout Strategies）。無論在產品品質、品牌形象、價格定位、行銷通路、廣告企劃、促銷活動、業務戰力、電子商務、網路行銷、資訊科技（Information Technology）以及市場作戰等各方面，「行銷超限戰」確實是一門「行銷戰將必修的商戰課程」。因此，為了替各種市場的行銷問題把脈與打造一流的行銷高手，本書內容即以引爆「超限戰目標市場」（Realcombat Target Market）的競爭彈性與市場應變力為寫作的雙主軸；主要宗旨在闡述行銷定位與市場戰略，以加速強化企業戰略性行銷商戰的實戰謀略與技能。

　　茲以全球市場行銷大戰略的角度切入，台灣真是有幸位居全球經貿領域中亞太地區的唯一穿梭市場。因此，全球市場的競爭策略必須以市場優勢（Market Advantages）與市場利基（Market

Niche）為行銷實戰的核心競爭力（The Core Competences of Marketing Realcombat）。另方面，以全球商戰的策略而言，台灣市場多國籍企業在全球行銷策略方面必須在每個行銷據點都具備獨當一面行銷作戰的獨立實戰團隊以促使全球市場各行銷組織都擁有獨立行銷策略企劃與市場競爭的決戰能力。

沒有行銷策略企劃，就沒有企業行銷利潤與市場生存空間。因此，成功的企業在市場行銷之決勝關鍵即是綜合市場作戰謀略的統合行銷戰略（Integrated Marketing Strategies）。因此，行銷管理應用在行銷企劃的策略思惟模式中，實應強化市場視野（Market Vision）的「偉大創意」（Big Idea），並以敏銳的目標市場分析做正確的判斷，以擬訂市場爭霸戰的作戰策略，方能達成運籌帷幄，決勝千里的行銷勝戰。

關於本書全部精彩的內容，筆者完全以行銷商戰的專業領域再加上筆者個人多年來之市場行銷實戰經驗毫無保留地轉化並注入市場特有的行銷商戰所必備之各種行銷策略。另方面，以「行銷就是市場爭霸戰」的角度切入，筆者盡力以 理論與實戰雙管齊下，並以成功而有效的個案敘述行銷定位與市場戰略，以利工商企業界與各界參考。

正當二十一世紀全球企業經營均以市場行銷為決勝的主軸之際，台灣已經進入世界貿易組織（WTO），全球跨國企業大多以台灣為核心行銷市場。正因為如此，筆者更有志趣撰寫並出版有關市場行銷商戰的書籍，因此，本書訂名為「引爆行銷超限戰」。全書主要精髓為企業商戰的企業力、行銷力、創新力、人力資源、財務力、研發力、生產力與策略企劃力都必須整合為行銷定位與市場戰略，內容有許多均為新資料與新創見。

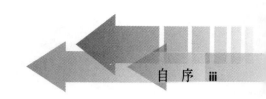

　　筆者在大學、研究所MBA Program、企業界與企管顧問公司教授「行銷學」（Marketing）與「行銷管理」（Marketing Management）並在企業界擔任總經理與CEO歷時多年。深知行銷策略的特殊實戰必須著重「策略企劃」與「實戰個案」。

　　因此，本書整合作者多年來之教學講義、演講稿、教學投影片、電腦磁碟片、CD-ROM光碟、自身經營公司的市場行銷戰略以及指導國內外企業界之新行銷策略與市場實戰個案，以饗各界讀者！

　　本書承　弘智文化事業有限公司　李茂興 兄 以及所有同仁鼎力協助終能付梓，倍感欣慰，在此特致萬分謝忱！

　　最後，筆者個人學有不逮，才疏學淺，倘有掛漏之處，敬請賢達指教，有以教之！

許長田　博士　謹識於「東方美人」茶樓

二十一世紀　公元2003年10月1日

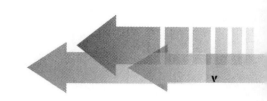

v

行銷是動態的市場活動（Ｄynamic Market Activities）， 換句話說，行銷是如何將產品或服務很成功地切入目標市場（Marketing is what do you plan to penetrate the products and services into the target market successfully）

更進一步而言，行銷乃著重市場佔有率（Market Share），與市場規模（Market Scale）之綜合全方位之統合行銷戰略，戰術與戰力（The Integrated Marketing Strategies, Tactics and Forces）。因此，行銷的本質即是市場爭霸戰，此蓋因爲行銷涉及市場利基（Market Niche）、市場競爭態勢（Market Competitive Situation）以及行銷通路（Marketing Channels）之卡位作戰；尤其是行銷業績與市場佔有率是最明顯的市場爭霸戰的最佳寫照。

本書作者許長田博士認爲：行銷的本質來自下列三大課題：

一、產品出現於市場之前，必須要具備行銷研究（Marketing Research），亦即必須進行市場調查之實戰活動。

二、產品上市時，必須要具備行銷策略（Marketing Strategies）亦即必須擬訂產品生命週期（Product Life Cycle/PLC）各期之行銷策略以因應市場變動而能適時調整或再定位行銷策略。

三、產品行銷以後，必須要具備競爭策略（Competitive Strategies），亦即必須具備市場競爭態勢之SWOT戰略分析、市場優勢（Market Advantages），市場利基（Market Niche）以及市場佔有率（Market Share）等全方位市場爭霸戰之整合作戰行動。

綜觀以上所述，如果市場佔有率低於10%，則行銷策略應定位在市場利基者（Market Nicher）之角色；如果市場佔有率介於10%-25%之間，則行銷策略必須定位在市場追隨者（Market

Follower）之角色；如果市場佔有率為40%-45%之間，則行銷策略必須定位在市場挑戰者（Market Challenger）之角色；如果市場佔有率超過50%以上，則行銷策略必須定位在市場領導者（Market Leader）之角色。唯有如此，方能在市場爭霸戰中，爭得一席市場利基之生存與發展空間。茲將市場領導者，市場挑戰者，市場追隨者以及市場利基者與SWOT戰略分析之連動關係圖詳細敘述如下：

目　錄

行銷商戰
Marketing Real Combat

前　言

行銷超限戰

行銷超限戰的核心競爭力

■ 市場應變力（Market Responsiveness）

■ 市場作戰力（Market Forces）

■ 整合行銷資源（Integrated Marketing Resources）

■ 整合行銷傳播（Integrated Marketing Communications）

■ 卡位戰略（Rollout Strategies）

■ 願景行銷（Vision Marketing）

行銷定位篇

行銷定位策略

行銷定位的創新

　　行銷定泣（Marketing Positioning）的理念來自消費者心理的定位。廣告大師歐吉沛（David Ogilvy）認爲任何一個廣告作品都是一項品捍印象的長期投資。由於每家公司都試圖建立他自己的特殊商譽。而導致「一窩蜂」的做法，最後反倒沒有幾家公司能成功地行銷商品。

　　行銷定位即是針對潛在顧客心理的一套「抓心第略、如何將商品定位於潛在顧客的心目中，最主要的方法就是先定位消費者的心理，也就是「消費者心理的定位以往的行銷、廣告策略過份強調發掘商品本身的特點與建立企業的形象；而今日的行銷定位，則是要找出競爭者的優點與缺點或市場上任何有利之切入機會而善加利用，方能擴張市場，爭取市場佔有率，進而控制市場或鞏固售有的市場利基。

　　行銷定位就是要第一個抓住「在疲勞轟炸的廣告訊息」與「市場情報中校注意到的行銷技術，它著重商品觀念與行銷技術的突破，重視涉及影響他人心智的策略，簡單明瞭。因此，行銷定位可歸納以下幾種思考模式：

　　1.目前市場上，本公司商品的定位：
　　　由市場實際狀況尋求在目標市場中的角色與功能。
　　2.行銷人員想要怎樣定位？
　　　如何定位到消費者心中是行銷定位最高的策略。
　　3.市場上的競爭者又是如何定位？
　　　千萬別模仿競爭者的定位模式與思考方向。

4.廣告策略是否配合行銷定位？

廣告創意與廣告表現必須與行銷定位一致，否則在廣告活動中心必遭慘敗的命運。

行銷定位的競爭角色

行銷定位就是在目標市場的消費者心目中，建立屬於商品品牌本身的獨特地位，亦即要塑造出自己的獨特品牌個性（Unique Brand Personality）。

由於身處資訊泛濫、傳播過度的時代，消費者面對著眾多的商品，太多的品牌，太多的廣告訴求，以及過多的商品促銷訊息，我們的腦袋瓜根本無法裝滿各式各樣的資訊。因此，行銷人員必須先將商品做行銷定位，銷定目標客層，才能順利打開市場，滿足特定目標消費階層。這樣，商品才能受顧客歡迎。

然而，行銷定位要有正確方向與技術，才不會造成定位策略失敗的命運。因此，最佳策略是行銷人員必須先確定銷定位的企劃架構。

以下即為行銷定位的企劃架構：

行銷定位策略

行銷組合（執行行銷的工具）
・產品或服務 ・品牌 ・包裝 ・行銷通路 ・人員實戰推銷 ・促銷活動 ・廣告訊息 ・廣告媒體 ・商品企劃 ・公開文宣報導

市場企劃
・瞭解市場結構 ・評估市場規模 ・顧客價值觀分析 ・競爭狀況分析 ・企業優勢分析

行銷定位的企劃架構與市場戰略的作戰系統關係圖

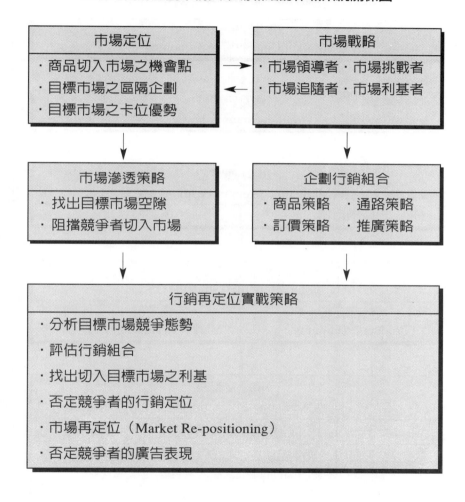

市場競爭與行銷定位的策略企劃

市場競爭能勢
（Market Competitive Situation）

市場優勢利基
（Market Strength Niche）

市場滲透定位
（Marketing Strength Positioning）

·目標市場	·市場定位

市銷組合策略
（Marketing Mix Strategies）

·商品定位 （Product Positioning）	·市場定位 （Market Positioning）

行銷組合策略
（Marketing Mix Strategies）

商品策略	訂價策略	通路策略	推廣策略
·商品生命週期 ·商品企劃 ·商品功能設計 ·品牌知名度 ·品牌延伸策略 ·商品試銷	·吸脂訂價 　Skimming Price ·滲透訂價 　Penetrating Price ·加成訂價 　Markup Price ·分離訂價 　Breakdown Price	·批發商 ·零售商 ·經銷網	·廣告策略 ·廣告表現 ·媒體戰略 ·促銷活動 ·公關活動 ·人員實戰推銷 ·文宣報導

行銷定位的實戰步驟

　　行銷定位策略的活化術，主要在尋找市場空隙，然後鑽進去填滿，亦即找出市場切入的「另有洞天」與滲透策略。茲將行銷定位的實戰步驟分述如下：

1.目前的市場競爭態勢，消費者心目中如何定位本公司產品或服務？

　分析市場競爭態勢，並透過行銷研究與市場調查，以研判市場中的顧客到底在想什麼？要什麼？有一支很流行的歌曲：「我很醜，可是我很溫柔。」其在消費者心目中的定位是趙傳唱紅的流行歌曲，而不是其他歌者所演唱的，這就是行銷定位的妙招。

2.本公司希望產品或服務有什麼特殊的定位？

　在瞭解目前所處的競爭態勢中，可依據行銷研究所蒐集到的資訊加以研判，並依照目標市場的顧客層或目標消費者，產品差異點以及競爭者的市場定位等三大要素，擬訂出最適合自己並能長期從事作戰的有利位置。

3.如何成功地掌握最適合自己的市場利基？

　其主要的定位心法是：

　・別人不做的，我做。

　・別人沒有的，我有。

　・別人做不到的，我做得到。

4.是否有相當的財力攻佔並控制所定位的優勢？

　制定行銷定位策略最大的錯誤，即是去嘗試根本無法達到

的目標。所謂?有多少錢,做多少事?就是這個道理。

5.對於所定位的市場位子能長久落實嗎?

定位是消費者對產品印象與認知的長期累積。因此,一旦定位確立了,除非市場發生極大的變化,定位必須隨之改變,否則,便應持續不斷地全力以赴。不然,定位便無法徹底落實,顧客也會產生混淆與搖擺不定。

6.廣告創意是否與定位相吻合?

廣告是行銷策略的具體表現,定位則是廣告訴求背後的意識型態。例如白領階級的定立與藝術家的定位即顯然不同。因此,廣告創意與定位策略必須相結合,方能發揮行銷定位真正的效果。

行銷定位策略之內涵

行銷定位策略可涵蓋產品定位策略與市場定位策略兩大實戰策略。茲將產品定位策略與市場定位策略分別詳述如下:

產品定位策略

公司在從事市場區隔時,必須為其發展訂一套產品定位策略。要使每一種競爭性產品在市場區隔中,都佔有一定的地位,則每種產品定位的消費者知覺皆非常重要。所謂產品定位,係指公司為建立適合消費者心目中特定地位的產品,所採行產品企劃及行銷組合之活動。產品定位的創新理念可歸納為以下三項:

1.產品在目標市場上的利基如何？
2.產品在行銷策略中的利潤如何？
3.產品在競爭策略中的優勢如何？

「產品定位」這個字眼是一九七二年由Al Ries與Jack Trout兩人的鼓吹下日漸普及，在廣告年代（Advertising Age）雜誌之一系列的文章中，稱爲?The Positioning Era?（定位新紀元）。後來，他們又合寫一本著名行銷學著作?Positioning The Battle for Your Mind?。Ries與Trout視產品定位現存產品的一種創造性活動。以下即是其定義：

定位首創於產品。一件商品、一項服務、一家公司、一家機構，其至是人的印象，亦即產品在消費者心目中的地位。

產品定位可能利用產品品牌、價格與包裝上的改變，這些都是外表的改變，目的乃在鞏固該產品在消費者心目中有價值的地位。因此，消費者對於心理的定位（Psychological Positioning）與現有產品的再定位，比對潛在產品定位更感興趣。對於再定位而言，一開始行銷人員就必須發展出行銷組合策略（Marketing Mix 4ps Strategis），以使該產品特性能確實吸引既定的目標市場。產品定位人員對於產品本身及產品印象同樣感興趣。

Ries與Trourt在心理定位方面，提供一些明智的建言。首先由觀察那些包含類似產品，但欲無在消者心中得到任何區別的市場著手。然而，在一個?訊憩充斥?的社會中，行銷人員的工作是在建立產品的個性。其主要的論點是，消費者根據心目中一個或多個層面來評估產品。因此，當消費者考慮那家汽車出租商提供最多的汽車與服務時，其所評價的優先順多爲Hertz, Avis National。

因此，行銷人員的任務是依據某些顯著的購買層面，使產品在消費者的心目中列為第一優先。此乃因為消費者總是記得最好的那一個。例如，每個人都知道林白（Lindbergh）是第一個飛越大西洋的人，哥倫布是第一個發現美洲的人，幾乎無人知道誰是第二個。而且，消費者也較喜歡購買最好的那一個。

產品定位第一要素就是馬上填滿消費者的心，使消費者因心中已有所屬而不再接受其他的產品。

若市場已存有一個強而有力的品牌時，則可採用市場挑戰者策略（Market Challenger Strategies），其主要的市場作戰策略為以下二種：

1. 劣勢策略（Weakness Strategy）即自稱：?我們的產品與市場領導者一樣好或將會比它更好。?例如租車業艾維斯Avis在其卓越的商戰中，謙稱?我們是第二者，雖然屈居第二位，但將試圖更加努力，以迎頭趕上。?（We are No.2,but we will be No.1 somebay.）

2. 滲透策略（Digging Strategy）亦即找尋市場空隙並去發現另一個市場層面，據此可與市場領導者的品牌區分清楚，不需要做正面競爭，亦即行銷研究人員在消費者的心目中尋找一個未被其他品牌所佔據的市場空間（Market Space）或市場空隙（Market Gap）。

因此，在可樂市場的競爭態勢中，七喜汽水（Seven-Up）的廣告訴求定位為?非可樂（The Uncola）?，意思是它是汽水的碳酸飲料，而不是可樂飲料，避開與可樂市場的大哥大可口可樂與百事可樂做正面競爭。如果做正面市場競爭，一定是死路一條，一

定被可口可樂與百事可樂在競爭市場壓扁。因此，當消費者需要一個非可樂的飲料時，他們一定會首先想到七喜汽水。這是產品定位最佳的策略。

　　行銷定位的活動，並不是在產品本身，而是在顧客心裡，亦即產品定位要?定?在顧客心裡。因此，?產品定位?並不意味著?固定?於一種位置而不會改變。

　　然而，改變是表現在產品的名稱、價格與包裝上，而不是在產品本身。基本上這是一種表面的有形改變，目的是希望能在顧客的心目中，佔據有利的?情有獨鍾?之地位。

　　因此，行銷定位的法則可歸納為下列各項：

1. 在行銷廣告中一強調產品是?最好的?或?第一的?，並不能人們心中根深柢固的印象，非得有出奇致勝的突破策略方能奏效。

2. 定位的法則乃強調?產品在顧客心中是什麼?，而不是?產品是什麼?。也就是顧客的眼光與需要來看待產品，而不是從生產者與行銷者的角度來判斷。

3. 最好的定位策略就是搶先攻下顧客心中的深處，穩坐第一品牌，追隨者通常都是無法後來居上的。

4. 要找到市場上的?利基?（Niche）與生存空間。有時候產?不是什麼?反而比產品?是什麼?更為重要。產品?不怎麼第一?反而比?多麼好，多麼第一?來得有效。前面提到的七喜汽水（Seven-Up）就完全否定了在市場上?標榜可樂產品?的可口可樂及百事可樂之優勢，搶盡軟性碳酸飲料的市場風采。

以下即是產品定立必須思考的三項大事：

1.那種顧客會來買這個產品？

　其目的在確定目標消費者或目標顧客層。

2.這些顧客為什麼要來買這個產品？

　其目的在確定產品的差異性

3.目標消費者會以這個產品替代何種產品？

　其目的在確定誰是市場競爭者。

市場定位策略

　　所謂市場定位即是在目標市場上找出市場空隙，然後鑽進去填滿，並尋出有利的市場優勢，以籃球卡位的方式，預先搶佔自己有利的位置及卡死競爭者在市場上的位置，使得競爭者在市場競爭中因無法發揮優勢競爭而只能屈於劣勢。

　　市場定位的創新理念可歸納為以下三項：

1.消費者如何看市場上的產品？

2.競爭者如何看市場上的產品？

3目標市場如何感覺產品？

　　由上所述，在市場定位的演練中，必須要具備有效的定位策略，方能運籌帷幄，決勝千里。因此，市場定位的有效策略可針對目標市場的滲透，作一整體的思考。

　　茲將市場定位的有效策略分述如下：

1.產品大小的市場空間。

2.高價格的市場空間。

3.低價格的市場空間。

4.性別的市場空間。

5.產品功能的市場空間。

6.包裝的市場空間。

7.顏色的市場空間。

8.品牌的市場空間。

9.服務的市場空間。

10.通路的市場空間。

11.產品生命週期的市場空間。（借地重生、借時重生，產品
　　的第二春或撤退市場）

12.產品的味的市場空間。

13.產品用途的市場空間。

14.顧客生活型態的市場空間。

15.產品效用的市場空間。

16.產品獨特利基的市場空間。

17.再定位的市場空間。

18.否定市場的市場空間。

19.創造新市場競爭態勢的市場空間。

20.產品差異化的市場空間。

　　在市場定位中，由市場對新產品產生的反應，行銷人員便能
發現該公司的產品定位是否有效。早日獲得市場的認可是成功的
關鍵，一旦佳評如潮，產品就能在市場上取得衝力與作戰力，造
成良性循環，成功便隨之而來，而產品便擁有積極的正面形象。
相反地，假如產被市場冠上一頂?失敗者?的帽子標誌時，要想復
元就倍加吃力了。

　　市場定位是由顧客對市場的認知而決定的。顧客一旦對產品有了先必為主的印象，任何人也無法改變他們的決定，然而，行銷人員卻可以去影響市場定位的過程。只要瞭解市場的運作，行銷人員便可以設法影響顧客對產品的認知，創造更強烈的產品形象，採取適當的步驟使公司與產品在顧客心目中更加值得信賴。

　　顧客信任的程度是整個市場定位的關鍵。市場上充滿這麼多的新產品與新科技，顧客不但不知道哪家廠商值得相信與信賴，甚至對於這些新產品所牽涉到的種種科技也不瞭解。因此，顧客會感到疑慮與恐懼。在變化迅速的市場中，行銷人員必須找出平息顧客疑懼與對抗競爭者的策略，才能建立市場定位。以?安心?沖淡?恐懼?，以?穩定?對抗?不確定?，以?信心?抵銷?疑慮?，並建立可信度、領先地位和品質的服務形象。除了第一流的產品以外，還要為顧客提供一帖「安心靈藥」，使顧客對公司的產品與市場定位安心。

1.利用口碑與耳語運動（Whisper Campaign）
2.發展產品的人際關係。
3.企劃策略性公共關係。
4.找對顧客。
5.與媒體、新聞界來往。

行銷定位的競爭角色

在市場情況處於膠著不明時，市場競爭態勢的作何一方都沒有很清楚的勢力範圍，這段時機很明顯的需要特殊的努力與突破。市場定位的角色扮演可由以下四大角色加以確立：

市場領導者

身為市場領導者的秘訣，就是第一個進入目標市場客層的心中。就某些商品而言，當兩個領導性品牌的實力非常接近時，領導權常會有此起彼落的情形，如資生堂與蜜斯佛陀的化妝品市場；福特與通用汽車市場；柯達與柯尼卡（Konica）的照相軟片市場；肯特（Kent）與萬寶路（Marlboro）的香菸市場均是如此。

然而，就長期的市場變化而言，其中之一將會脫穎而出，躍居較高地位，然後佔有未來的市場。司迪麥口香糖與箭牌口香糖爭奪市場，最後終於脫穎而出，奪取口香糖市場的第一把交椅。

身為市場領導者，並不需要在廣告上強調?我是第一名?，因為消費者會懷疑既然身為市場領導者，為何如此沒有安全感而意得患失。麥當勞是西式速食業之王，麥當勞的廣告從來都不強調是漢堡食品中的第一名或炸雞頂呱呱，反而訴求漢堡的配料與口味，因為市場領導者必須強調?我就是?這種產品或行業的代名詞。不斷地發掘潛在顧客，就能擴大市場。市場一旦擴大，第一個受專者就是市場領導者。

市場追隨者

　　假如目標市場上已有先切入的品牌，但是還沒有建立領導地位，市場追隨者的最佳戰略即是採取?我也是?的市場定位策略。麥當勞進入市場以後，接種而至的是肯德基、溫娣、漢堡王；可口可樂進入市場以後，百事可樂接著隨即切入市場，這些實例都能獲得有利的市場定位。

　　對於「我也是」的產品而言，大多數?我也是?的產品無法達到預期的行銷目標與市場佔有率，其主要原因即是太強調更好，而非更快、更舒適、更便利。換言之，第二位的產品並不需要張調?我也是?就必須比市場領導者?更好的?產品。事實上，比市場領導者的產品更好並不夠，有時甚至不需要。最重要的是，在市場領導者尚未建立領導地位以前即緊隨於後，馬上找出有利的市場空間。一旦市場領導者造成領導地位後，市場追隨者應立即將產品與市場領導者的產品拉在一起，造成「我也是」的平起平坐的市場定位。有句話說得很對：「形勢比人強。」就是這個道理。如果顧客一想到某種特定的產品或行業，除了無法打破的市場領導者的知名度以外，接著顧客一定想到市場追隨者的產品或行業。如此，則市場追隨者的行銷策略便成功了。

市場挑戰者

在裙同的產業中，位居第二、第三，甚至排名更後的廠商，都稱爲居次者（Runner-Up）或是追隨者。然而，有些居次者仍然握有很大的勢力。諸如福特汽車、柯尼卡照相軟片、百事可樂、箭牌口香精、美爽爽化妝品、肯德基炸雞等公司。這些居次位的廠商，有兩種策略姿態可供其採行，他們可以採取攻擊市場領導者與其他的競爭者的做法以掠奪更大的市場佔有率。因此，居次位的行銷作戰策略可改變市場角色，而成爲市場挑戰者。

市場策略目標及其競爭者定位決定了市場挑戰者的角色扮演。一個市場桃戰者首先必須確定他的作戰策略目標。大多數市場桃戰者的策略目標爲增加市場佔有率，因爲他們認爲此項可增加其更大的漢利能力。決定選擇擊例競爭者或是掠奪其市場佔有率的策略目標，將產生正面攻擊的作戰策略，亦即市場排戰者的最上乘市場作戰策略——專門攻擊市場領導者的弱點。以下即是市場挑戰者可採用的市場攻擊型態：

攻擊市場領導者的弱點

這是一個高風險，但具高潛在利潤的策略。而反在市場領導者並非眞正的領導者，亦無法完善地爲市場提供服務時，此策略更富有意義與效果。此項策略必須最密地審視消費者需求或是不滿足之處。如果市場挑戰者發現有重要的地區，未有人提供服務，或是服務不夠完善，則可做爲一個策略性的目標市場。YSL

香菸在香菸市場的競爭中之所以能夠成功，乃因其發現了許多消費者（尤其是女性消費者）想要一種較淡的涼菸。此項策略創造了另一種市場空間。並能將市場挑戰者的角色改變爲另一種市場中的市場領導者。

攻擊規模不足以鞏固其市場，而且財力不足的公司

在滿足消費者與創新的潛在需求上必須嚴密地加以審視。如果一旦發現其他公司的行銷作戰資源有限時，甚至可以採取正面的攻擊策略。

攻擊行銷能力與財力均不足的地區性小公司

許多汽車公司與香菸公司之所以有今日的市場規模，主要的依據，並非是爭奪彼此的顧客，而是利用「大魚吃小魚L的市場兼併策略。

因此，選定題爭對手與選擇策略目標是互相關聯的結合。如果攻擊的對象是市場領導者，則市場挑戰者的策略目標可能放在掠奪市場佔有率。因此， BIC在刮鬍刀市場上攻擊吉利（Gilletto）的策略，是尋求更大的市場佔有率。如果所攻擊的公司是地區性的小公司，則其策略目標可能是令它無法生存，亦即將其殺死在競爭市場上。

市場挑戰者的致勝法寶爲蒐集競爭者的最新資訊。競爭資訊的整合與市場情報的分析必須注意下列各項問題：

1.誰是主要競爭者？

2.競爭者的銷售戰力、市場佔有率以及財務狀況如何？

3.競爭者的目標及其假設如何？

4.競爭者的策略如何？

5.競爭者的優勢與劣勢如何？

6.在面對環境、市場競爭及內部發展的情況下，競爭者未來的策略，可能有何改變？

因此，市場桃戰者亦應尋求創新突破的總體行銷戰略，例如產品創新、品質策略、產品系列側翼攻擊、多品牌策略（又稱為單一品牌策略）、品牌擴張策略、大量密集廣告、實戰推銷、促銷戰略、市場競爭力、行銷生產力的提高、品牌經理制度之建立、行銷通路中的經銷網之鞏固與強化等，方能立於不敗之地。同時，配合直接針對市場領導者的劣勢加以攻擊，則市場挑戰者進可攻，退可守，在行銷戰場上，可決勝千里。

茲將市場挑戰者的市場攻擊策略詳述如下：

價格折扣策略（Price-Discount Strategy）

市場挑戰者的一個主要攻擊策略即是以低於市場領導者的價格，提供產品給購買者。例如富士軟片利用此策略去攻擊柯達軟片在目標市場的卓越地位。其軟片品質可媲美柯達軟片，而價格較柯達低一成（10%）柯達為了維護其市場地位而不願意降價，結果使得富士軟片擭獲更高的市場佔有率。

然而，價格折扣策略若要有效，必須有三個假定前提：

1. 市場挑戰者必須說服購買者相信它的產品與服務可媲美市場領導者。
2. 購買者必須是對價格差異極敏感的價格型顧客，而且只為低價而樂於轉換供應商。
3. 必須是市場領導者忽視競爭者（市場挑戰者）的攻擊，或拒絕減價。

廉價品策略（Cheaper-Goods Strategy）

另一個策略是以更低的價格提供市場一個平均或低品質的產品。這種策略必須是在市場區隔中有足夠數量，而且對價格的降低有興趣的顧客時，方能行得通。然而，由此策略建立起來的廠商，亦可能會遭到更低價格的廉價品廠商之反攻擊，在防禦方面，必須設法逐漸地提高產品的品質，提高市場競爭力。

名牌產品策略（Prestige-Goods Strategy）

市場挑戰者可以提出較高品質的產品，並且採取比市場領導者較高的訂價策略。普騰PROTON電視機在台灣市場能夠趕上新力SONY電視機，即是因為提供更高品質且更高價格的產品。有些名牌產品的廠商，在市場競爭的成熟期，都會提出較低價的產品，以充分利用其市場優勢。

產品繁衍策略（Product-Proliferation Strategy）

市場挑戰者可以在市場領導者之後，准出許多稍加改造的產品，給予購買者更多的選擇道。當高露潔牙膏與三色牙膏投入市場時，使得原有的市場競爭態勢產主極大的變化，也因此使顧客在挑選黑人牙膏以外，有更多的選擇機會。

產品創新策略（Product -Innovation Strategy）

市場挑戰者可以藉由產品的創新，以攻擊市場領導者的地泣。拍立得及全錄成功的原因，正是因為分別在照相與複印的領域中，不斷地提出卓越的創新。因此，消費者將從市場挑戰者的產品創新策略中，獲益良多。

較佳的服務策略（Improved-Services Strategy）

市場挑戰者可以提供顧客新的或較佳的服務。ＩＢＭ成功的原因，正因為它認清顧客對於軟體與服務的興趣比對硬體的興趣來得濃厚。艾維斯（Avis）對赫茲（Hertz）的攻擊策略亦是如此，其定位口頭禪說：「我們僅是第二，但我們更努力。」此乃是基於對顧客的承諾，並且提供比赫茲更清潔的車子與更迅速的服務。

通路創新策略（Distribution Channel-Innovation Strategy）

市場挑戰者發現或發展一個新的行銷通路。雅芳（Avon）能夠成為一個主要的化妝品公司，乃是利用直銷系統（Direct Marketing）的推銷方式，而不在傳統的商店和其他通路如百貨公司專櫃、美容沙龍與別家化妝品公司相互競爭。

降低製造承本策略（Manufacturing Cost-Reduction Strategy）

市場挑戰者利用較有效率的採購、較低的人工成本和更現代化的生產設備與技術，以達到比其競爭者更低的製造成本。挑戰者可以利用較競爭對手更低的經營成本，擬定更具攻擊性的訂價策略以達成應立即獲得市場佔有率的目的。此策略即是日本能夠成功地入侵世界上各個不同市場的主要關鍵。

密集廣告促銷（Intensive Advertising Promotion）

市場挑戰者可利用增加廣告及促銷費用的支出，攻擊市場領導者。例如黑松歐香咖啡在台灣市場投入比麥斯威爾咖啡更龐大的廣告經費與促銷預算，其目的即在企圖建立台灣市場穩固的知名度，而達到在市場上執牛耳的領導地位。然而，鉅額促銷與廣告費用的支出，未必是個有意義且有效的策略。除非市場挑戰者的產品及廣告表現策略能夠顯示出他強過市場競爭者的某些優勢。

如果市場挑戰者僅仰賴一個作戰策略，就企圖改善其市場佔

有率，很少有成功的情形，其成功的條件必須仰賴於設計一套能夠不斷地改善其市場地位的整體作戰策略。

市場利基者（Market Nicher）

市場利基者最主要的致勝策略即是定位策略（Positioning Strategy）與再定位策略（Re-Positioning Strategy）。在競爭激烈的目標市場中，唯有採取定位與再定位策略方能否定市場領導者、市場追隨者與市場挑戰者的優勢，進而取得有利的「市場空間定位優勢」（Positioning Advantages of Market Space），方能反敗為勝。

幾乎每一個產業都有一些不起眼的小廠商，在市場中的某些部分實施專業化，而且避免與主要的廠商發生市場衝突與市場重疊。這些較小的廠商佔有市場中某些穩固的地方，反藉著專業化來提供有效的服務；而反這些小市場可能已被主要的廠商所忽視。

市場利基者必須設法發現一個或多個既安全又有利可固的市場利基（Market Niche）

一個理想的市場利基必須具有下列各項特性：

1.此利基具有足以獲利的規模與購買力。

2.此利基具有成長的潛能。

3.主要的競爭者對此利基不感興趣。

4.廠商本身有足夠的技術資源，可以有效地服務此利基。

5.廠商可利用其已建立的商譽來保衛自己，以對抗主要競爭
　者的攻擊。

　　市場利基戰術的主要觀念是專業化，廠高必須隨著市場、顧
客、產品、價格、通路、提廣、品牌來實行專業化。以下即是市
場利基者可運用的專家角色：

最後使用專家（End Use Specialist）

　　廠商專為一類最終使用顧客提供級務。例如，一家企管頭問
公司可以選擇在行銷管理、財務管理、人事管理成品質管理市場
實施專業化。

垂直整合專家（Certical-Size Specialist）

　　廠商可以在生產、分配循環中的某一垂直面，實施專業化。
例如，一家銅器公司可以集中於生產銅器原料、銅器零件或銅器
製成品。

顧客規模專家（Customer-Size Specialist）

　　廠商集中於對小型、中型或大型的顧客推廣行銷活動。許多
市場利基者專門服務那些被主要廠商所忽略的小客戶。

特定顧客專家（Specific-Customer Specialist）

廠商只限於行銷給一個或數個主要的客戶。許多公司將其所有的產品只行銷給一家特定的公司或特定顧客。例如統一番茄醬只賣給統一超商連鎖店。

地理區專家（Geographic Specialist）

廠商僅在某一個地區、區域道行行銷活動。例如有些麵包店只行銷該區域的社區顧客。

產品或產品線專家（Product or Product-Line Specialist）

廠商只生產一種產品線或單一產品。例如有些電腦廠商只生產硬體或鍵盤，或只生產軟體。

產品特色專家（Product-Feature Specialist）

廠商只生產某一類型或某種特色的產品。例如有些家電廠商只生產VHS錄影機與錄影帶。

依訂單而生產的專家（Job-Shop Specialist）

廠商只生產顧客訂單所指定的產品。例如有些服飾店只供應顧客指定的特殊服裝與款式。

品質／價格專家（Quality/Price Specialist）

廠商定位在市場的兩極（高級市場與低級市場）並從事行銷活動。例如百貨公司專櫃的化妝品，定位於專業化的高品質與高價格的市場；而夜市地攤的化妝品，則定位於低品質與低價格的市場。

服務專家（Service Specialist）

此種廠商提供一個或多個別家所沒有提供的服務。例如，超級市場提供送貨到府的特殊服務。

市場利基者在目標市場的主要風險是，該有利的利基可能會消失或是遭受攻堅；這也是多元利基（Multiple Niching）較優於單一利基（Single Niching）的主要原因。公司可藉著發展兩個或更多的利基以增加生存的機會，甚至可採用整體多元利基策略以滿足並服務整個目標市場。

在市場競爭態勢中，幾乎每一種產業都有許多小型廠商，其在市場的生存策略即是尋求大公司忽略或放棄的市場，並全力滿足與服務此區隔市場的客層，以期佔據既安全又能獲利的市場利基，此即為市場利基者的實戰策略。

茲將市場利基者的市場作戰策略分述如下：

1.產品定位游擊戰

市場利基者可採用獨特性產品專攻小市場，即可大發利市。另一方面，因為其只在某個獨特市場的範圍，不會威脅到市場的

領導品牌而遭到被圍堵的惡運。例如奇士美化妝品在市場上已建立起相當的知名度,並佔據市場的一片天空。

2.高價位游擊戰

在台灣市場有許多產品即因採用高價位策略而大發利市。例如勞力士滿天星的手錶在台灣市場的行銷績效,簡直使人目瞪口呆。在今天這個富裕多金的社會中,高價位市場確實提供了許多從事定位游擊戰的機會。因為高價位在市場上能創造鮮明的知名度,然而,市場利基者必須第一個佔領高價位的市場空間,否則將會面臨一場苦戰。

3.蠶食市場游擊戰

由於小企業的行銷戰力有限,無法與競爭者正面競爭,只有採穩紮穩打的經營方式,逐步侵蝕競爭者的地盤,等待時機成熟,再發動全面作戰,例如,全家便利商店例子。

4.特定市場區隔游擊戰

在從事定位游擊戰中,小公司可從目標市場中找出不大不小的市場空隙,不但進可攻,而又退可守。市場空間大到可以賺行銷利潤,小到不會惹火了市場的領導品牌而被其反擊。例如長壽香菸的特定市場為中年男性的市場區隔,並不會影響到進口洋菸的市場佔有率,另一方面亦可賺取特定市場的行銷利潤。

5.打帶跑游擊戰(Hit-And-Run)

市場利基者可採用運亂性質的打帶跑游擊戰,機動性地發動「打了,就跑」的偷襲戰術、以擾亂競爭者的市場集中,並瓦解競爭音的市場優勢與挫敗競爭者的銷售士氣。例如供應商可聯合零

售連鎖店舉辦特殊的促銷活動，並在選擇性的區隔市場採購降價
措施，另一方面對特定通路或零售連鎖店加強公開活動，以期使
產品的陳列可擴大展示空間，或其他優惠待遇。例如，芝蘭口香
糖即採用此策略，而能成功地行銷市場。

　　綜觀以上所述，茲將市場領導者、市場追隨者、市場挑戰者
與市場利基者的作戰策略列表分述如下：

市場定位作戰策略實戰表

策略 定位	市場定位作戰策略
市場領導者	●強調產業形象與企業廣告 ●擴大市場並強化行銷通路 ●強調「我就是」的行銷訴求 ●降價以整合市場競爭態勢
市場追隨者	●強調「我也是」的行銷訴求 ●找出能與市場領導者結合形象的市場空間 ●集中行銷戰力於主要地區市場 ●擴大經銷網，提高確定之市場佔有率 ●採用「坐二望一」的集中市場全面作戰策略
市場挑戰者	●尋求市場領導者之弱點並加以正面攻擊 ●強化產品創新、多品牌策略，並採取大量密集的廣告 ●建立品牌經理制度並擴張產品系列 ●鞏固行銷通路中的經銷商
市場利基者	●產品定位游擊戰，專攻不起眼的「小市場」 ●高價位專業游擊戰，專攻「買爽市場」 ●蠶食市場游擊戰，逐步侵入目標市場 ●打帶跑游擊戰，機動性擾亂市場競爭者的市場優勢 ●特定市場區隔游擊戰

行銷再定位策略

重新定位市場競爭態勢

在激變的市場競爭中，有時候的確無法在目標市場找到任何切入空隙，更因每一項產品都充斥著數種不同的品牌，因此，行銷定位的最後絕招即是否定原來的市場競爭態勢，重新為市場上的競爭者再定位，例如可樂市場最大的品牌為可口可樂與百事可樂，當然，在市場上還有許多小品牌。然而，七喜汽水（Seven-Up）由於不願跟隨此種既定的市場競爭態勢，一心只想脫穎而出。因此，只有採取否定原來市場的可樂定位，而另創造一新的非可樂市場定位」，此種高桿的「先否定，再定位」的策略一定能在市場競爭中獨樹一格。

由於市場上可資填補的空隙大有限，所以行銷策略就必項重新安排競爭對手在顧客心目中的地位，藉以創造出自己的生存空間。換句話說，要想將新構想或新產品打入顧客心中，首先必須將顧客心目中的原有想法架空，然後才能切入創新的商品形象與商品定位。

一旦推翻舊的觀念，再推介新的想法就很容易。千萬別怕彼此衝突，重新定位策略（Re-Positioning Strategy）就是攔腰斬斷現有的觀念、產品與市場區勢。亦即在競爭性的行銷戰爭中，行銷定位的法則就是要給競爭品牌的商品一個新定位，以改變顧客心目中的印象，而不是影響自己的商品在顧客心目中的地位。

以下即是典型商品重新定位。的成功實例：「不再流淚的嬰兒洗髮精」，一般成人用的洗髮精，對嬰兒及幼兒而言，並不夠溫和，因此，嬌生嬰兒洗髮精在切入國內市場時，是以兒童為主要

訴求目標，商品定位強調溫和不刺激，小孩及嬰兒在洗頭時，不會因為洗髮精的刺激而流淚，傷及眼睛。當商品在嬰兒市場的佔有率穩定後，就開始在重新定位市場方面努力，並擴大市場客層。雖然嬌生嬰兒洗髮精的目標客層有不斷擴大的情形，但基本定位策略並沒有改變；其所訴求的產品溫和，要寶貝您的頭髮，即須選用嬌生洗髮精。

因此，在各種市場區隔中，嬌全洗髮精由兒童市場切入，至少女市場、媽媽市場，其中，最引人注目的廣告影片CF，以「崔麗心」廣告明星的訴求，切入少女市場；以「宋岡陵」的形象，切入媽媽市場，整體而言，由於商品具有重新定位的擴張特性，可以滿足各年齡層的不同市場需求，所以，該項商品在市場上行銷相當成功。

在某種市場競爭環境下，由於市場競爭態勢的複雜與白熱化，會使競爭廠牌容易偏向於被動式的模仿策略。如果新產品沒有專利權的保護，市場規模呈穩定成長，這時，應可考慮模仿先發品牌切入市場。但是，要切記下列兩項作戰原則：

1.否定原有的市場競爭態勢。
2.另外創造出屬於自己的商品定位與市場定位。

唯有如此，才能在否定市場競爭態勢時，同步切入新定位的市場，鑽進市場空隙，一勞永逸。

大廠牌為了維持其領導創新的形象，要不斷推出新產品；小廠牌為了搭便車，方便切入市場，有時也要選擇模仿而創新的「先否定，再創造」的市場策略。

市場再定位的實戰策略

市場再定位的實戰策略就是要創造差異化定位。

擬訂差異化策略應注意下列各項作戰法則：

1. 為了能確保本身與其他競爭者間之差異性，防止其仿冒，最好的方法是同時能具有多方面的差異化來源。
2. 強調差異化，必須不斷地給予購買者售後服務的再保證，以落實其購買決定之正確性。
3. 注意購買者在購買考慮因素上之變化。
4. 可以考慮以降低那些不影響買者價值（Buyer Value）之活動的成本方式來降低最終產品／服務的成本。
5. 重新調整作業的方式或改變競爭的基礎（Competition Basis），有時也是差異化的來源。

茲舉「香吉士進軍餐飲業市場」之個案說明如下：

- 當初香吉士係採用新的行銷通路，以進入原先為其他競爭者所忽視的餐飲業市場，而奠定其日後事業成功的基礎。
- 生產廠商或中盤商可採取向前整合方式，取代部分零售店業者所須做的工作，而在自己的產品上黏貼價格標籤，省下平價商店自己貼標籤的麻煩，在吸引零售店之進貨意願上，亦可造成差異化。
- 麥當勞速食連鎖店以標準化的產品，一定的服務水準，同

樣的裝潢與店名POP，大量的統一廣告等改變以往餐廳僅能作方圓數里生意的競爭基礎。

差異化策略的陷阱

一般公司在擬訂差異化策略時，必須注意下列各種陷阱，以確保成功不敗：

1.差異化所強調的特色確實可行，但忽略了整個市場接受度與顧客偏好度。
2.差異化必須強調自己的特色,但提不出任何有創意的見解及文案。
3.差異化要切入市場前，並沒有先否定市場·這樣，不但無法掌握市場利基，而且會陷於苦戰的局面。

綜觀以上所述，市場再定位的實戰策略，必須以下列兩種心法交替使用：

1.先否定原有市場的競爭態勢，亦即否定市場領導者或市場挑戰者的市場定位與商品優勢。
2.找出商品生存空隙，立即必入市場，並以差異化策略突顯出自己的特殊形象與訴求。

差異化策略的內涵繁多，茲將其實戰策略內容以架構圖示如下：

市場定位 Market Positioning		
否定原有市場	**差異化策略** **Differential** **Strategies**	**創造新市場**
・否定市場競爭態勢 ・否定商品功能（以非商品功能之型態出現） ・強調原有市場已無優勢 ・強調顧客已不再需要原有市場定位的商品	・商品差異：口味、用途、功能、特性 ・價格差異 ・通路差異 ・包裝差異 ・商品外觀差異 ・廣告媒體差異 ・廣告表現策略差異 ・目標市場差異 ・物流差異 ・促銷活動差異 ・經銷網差異	・提出自己的市場主張 ・提出切入市場的有效策略 ・提出滿足市場顧客的做法 ・帶動市場顧客的需求熱潮

市場戰略篇

4

目標市場分析與
市場區隔細分法

目標市場分析

目標市場分析、企劃與控制應涵蓋下列的實戰領域,亦即目標市場企劃決策(Target Market Planning Decision)。其主要內容包含以下四大要素:

1.市場定位(Market Positioning)

選擇並定位適當之目標市場,以便在激變的市場競爭態勢中找出市場空間(Market Space)與市場利基(Market Niche):

2.切入市場的機會點(Market Opportunity)

在確定市場定位後,以客層的區隔方式與訴求,找出商品或服務切入市場的有效機會。

3.切入市場的滲透策略(Market Penetrating Strategies)

思考應以何種方法達到最快而最先切入市場的目標,以領先佔有市場的優勢。

4.市場經營的企劃戰略(Market Planning Strategies)

依企業本身之優勢(Strength)與劣勢(Weakness),並評估切入市場的機會(Opportunity)與威脅(Threat),重新定位目標市場的競爭態勢,以確定企業應居於市場領導者、市場追隨者、市場挑戰者或市場利基者的特殊定位。

以下即為目標市場分析技術的要項:

1.市場競爭態勢分析
　　‧產品或服務
　　‧市場
　　‧行銷通路
　　‧價格戰與訂價策略
　　‧推廣策略
　　‧消費者分析
2.問題點與機會點
3.市場佔有率
4.市場生命週期

市場區隔細分法

　　市場區隔細分法，即是將原來目標市場中的顧客，由異質市場中，找出同質的市場，市場區隔細分的技術詳細分析如下：
1.年齡
2.性別
3.所得收入
4.生活型態
5.購買力（可支配所得／能花多少錢購買商品）
6.區域（地區性購買習慣）
7.消費行為
8.消費動機
9.消費型態

10.教育程度

11.顧客對商品的偏好

12.品牌忠誠度高的顧客

市場競爭態勢與
S.W.O.T.戰略分析

企業在擬訂市場戰略時，必須先分析企業競爭環境在目標市場競爭態勢中的核心要素，此即為S.W.O.T戰略分析（S.W.O.T. Strategies Analysis）。茲將S.W.O.T的內涵分述如下：

S即是Strength（優勢）：意指產品與市場的優勢利基。

W即是Weakness（劣勢）：意指產品與市場的劣勢。

O即是Opportunity（機會）：意指產品切入市場的機會點

T即是Threat（威脅）：意指產品切入市場是否能對競爭者產生威脅效果，或是競爭者對本公司產品是否造成何種威脅。

在同一目標市場中，市場競爭態勢扮演著產品切入市場的關鍵角色。當市場競爭態勢極明朗時，產品切入市場的機會點，可能是找出市場優勢空隙，然後居於市場領導者、市場追隨者或市場挑戰者的地位。如果市場競爭態勢變得很複雜與混亂時，則產品切入市場的機會點可能要找出屬於自己市場利基的定位策略，亦即採用市場利基者的策略方能在激變的市場競爭中，立於不敗之地。

茲將市場競爭態勢分析與S.W.O.T.戰略分析的架構以圖示如下：

在市場戰爭中，如果只採用提銷實戰（Top Sales Forces），只能達成推銷人員的業績，但無法獲取寶貴的行銷利潤；此種情形常見於措銷人員為了要衝業績，可能犧牲一些行銷利潤，可資證明。如果只採用促銷戰術（Promotion Tactics），只能達成市場行銷量與市場佔有率的提高，但無法立於不敗的市場利基，終究會校競爭對手封殺在目標市場中。如果只採用行銷戰略（Marketing Strategies），只能企劃不便執行的戰略，但無法獲致競爭市場的業

績與市場佔有率，終究徒勞無功。因此，企業所擬訂的市場戰路，如果要獲取企業商戰的必勝成果，唯有聯合整體運用定位行銷的市場戰略與整合S.W.O.T戰略分析，才能克竟其功。

　　茲將S.W.O.T.戰略分析矩陣以圖示如下：

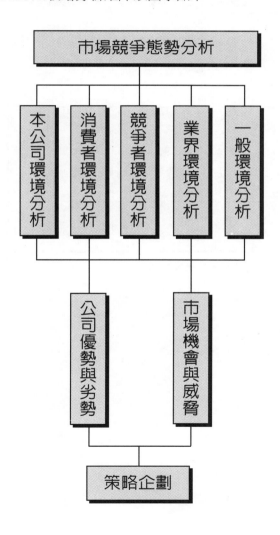

市場競爭態勢的S.W.O.T.戰略分析
（Strategic Analysis of Market Competition/S.W.O.T.）

SWOT	Strength 優勢	Weakness 劣勢	Opportunity 機會	Threat 威脅
企 業分 析				
競爭者分 析				
產 業分 析				
顧 客分 析				
環 境分 析				

資料來源：麥斯威國際行銷研究中心

市場戰略

市場卡位作戰

在激變與激烈的市場作戰中，市場卡位（Market Rollout）即為決勝的作戰法寶。茲將卡位的定義與創新理念分述如下：

卡位的定義

卡位的涵義為在同一目標市場上的競爭，首先要找出適合自己商品或行業的市場利基，以絕對優勢的市場切入點掌握並佔據競爭市場，一方面可擴展自己商品或行業的市場區隔；另一方面可卡死市場競爭者進入目標市場的位置，並切斷競爭者進入目標市場的機會。

卡位的創新理念

卡位的理念最主要的決勝秘訣在於市場利基。所謂市場利基，主要由下列三種態勢組合而成：

1. 市場切入的有利基點：亦即進入市場的有利機會點，如何道入市場？由那市場切入較具強勢與利益？
2. 市場切入的商品機會：亦即在切入目標市場前，商品或行業最有利的賺接機會。
3. 卡住競爭者的市場位置：亦即如何掌握目標市場，使競爭者無法進入同一目標市場。

茲將市場卡位策略以圖示敘述如下：

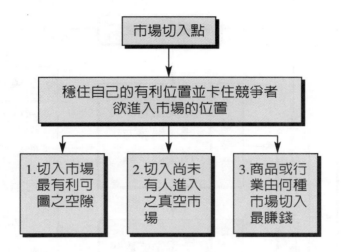

由上圖觀之，市場卡位作戰包含下列各種重要的理念與戰術：

1. 創造市場競爭力優勢（Create Market Competitive Advantages）：此種優勢必須立足於市場強勢攻防戰，進可攻，退可守，商品定位大都以否定市場的姿態出現。
2. 市場戰力（Market Forces）：此項因素往往因價格戰而削弱作戰能力。因此，非價格競爭即是市場戰力應掌握的決勝關鍵。
3. 市場潛力（Market Potential）：此項因素包括市場佔有率的提高、市場開發力的強化與市場成長率的確保。

茲將以上三項卡位作戰的決勝戰術以架構圖，敘述如下：

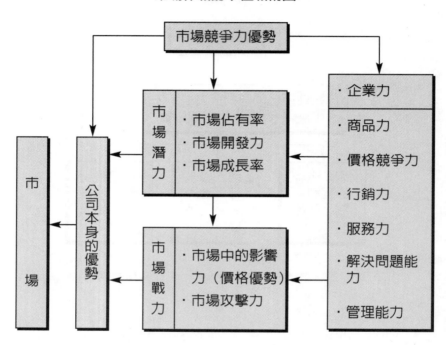

市場作戰的卡位戰術圖

市場競爭力優勢

市場潛力
・市場佔有率
・市場開發力
・市場成長率

市場戰力
・市場中的影響力（價格優勢）
・市場攻擊力

市場

公司本身的優勢

・企業力
・商品力
・價格競爭力
・行銷力
・服務力
・解決問題能力
・管理能力

市場戰略的企劃架構與實戰策略

　　市場作戰（Market Warfare）最主要的目標即在爭取市場佔有率的擴大、市場行銷量的提昇，以及行銷利潤的確保。在一個完整的市場競爭態勢中，用以掠奪市場的戰略並不是將做好的商品銷售給市場顧客的推銷行為與技術而已，其所涵蓋的領域，尚包括「商品製造之前」（Before Manufacturing）、「商品完成之後」（After Finished Goods），以及「商品銷售之後」（After Sales）的

整體市場作戰。因此，市場作戰的本質就是「市場競爭」，也就是具有「市場佔有率爭奪戰」意義的行銷特性。然而，在同一目標市場中，同時存在著張勢的市場領導者與弱勢的市場利基者，因此，市場中的每一角色必須擁有本身特有的競爭策略與生存空間。其中最典型的即是優勢戰與劣勢戰各自定位成差異的市場戰略。茲將各自的作戰策略分述如下表：

企業各部門如能充分配合行銷部門，則行銷策略的作戰行動趨於一致，而能爭目標客層與提升市場佔有率。換言之，公司裡的各個部門必須認清他們所採取的每一行動，而不只是行銷人員的行動，均對公司爭取及挽住顧客的能力有密切關係。

市　　場　　戰　　略	
強勢戰略	弱勢戰略
・擴大行銷領域	・否定市場中的競爭態勢
・擴大經銷網，提高確定之 　市場佔有率	・否定強者的廣告表現
	・商品再定位（Re-Positioning）
・包夾競爭者，封死其行銷通路	・集中行銷戰力於主要地區市場
・價格作戰（降價）	・對客戶採各個擊破之行銷戰術
・全面作戰	・密集廣告戰略
・誘導作戰（誘導競爭者採用相 　同的行銷通路與媒體選擇	・重點選擇廣告媒體
	・跟蹤競爭者之銷售人員並調查 　市場情報
・長長期廣告戰略	・創造新的市場競爭態勢
・大手筆的促銷活動	・採用差異化的利基作戰，切入 　市場
・完整的經銷網	
・強化公關活動	

在行銷機能的整合中，行銷人員應明智地尋求產品（Product）、價格（Price）、行銷通路（Place）。與推廣（Promotion）等四大組合策略的配合與協調，並與顧客建立堅強的公共關係。因此，價格必須與產品的品質一致；行銷通路應與價格、產品品質、行銷通路一致；推廣又應該與價格、產品通路一致。更進一步地說，公司方面為顧客所作的各種努力與服務，又必須在時間與空間上取得協調一致。因此，推廣活動不要在產品尚未出現在經銷商店之前展開。

同時，經銷商在末開始銷貨前，必須先接受專業行銷訓練與鼓勵。為了達到這種整體化的行銷作戰，許多公司在行銷部門內再設立「產品經理」（Product Managers）與「市場經理」（Market Managers）。產品經理負責企劃與協調其特定產品所需的各種必要投入因素（Inputs），以便能藉此產品企劃的運作系統成功地推出系列產品。市場經理則負責企劃與協調公司在某一地區市場，或某一目標顧客群，其所需的所有產品與服務，並能適時供貨於顧客能購買到的鋪貨點（即小賣點）。總而言之，一個「行銷導向」的公司乃是發展出有效措施，以協調各種影響顧客力量的公司，其可帶來既滿意又忠實於公司的好主顧，亦即能真正抓得住顧客。

整體行銷策略雖然無法提供長期行銷策略行動的明確指示（因行銷策略必須隨市場之變化與顧客之動向而改變，否則將慘遭行銷策略失敗的困境一，但卻可作為日後在市場上的各項決策作策略性參考情報與準備計劃；例如它可設定以科技創新來提高新產品的邊際效益，以撙節開支來因應財務危機，或足以購併相關產業以進行多角化經營，來追求長久的成長與永續經營，這項是

企業再生最上乘的行銷戰略。

　　茲將市場戰略的企劃架構以圖示如次頁。

　　市場戰略是企業競爭、生存與發展的主要關鍵，唯有靈活應用市場戰略，才能使小企業在與大企業競爭時有恃無恐；不但能與大企業一較高下，並可能擊垮大企業的市場競爭優勢。

　　茲將市場戰略分為「大魚吃小魚市場戰略」與「小魚吃大魚市場戰略」兩大領域，詳細分述如下：

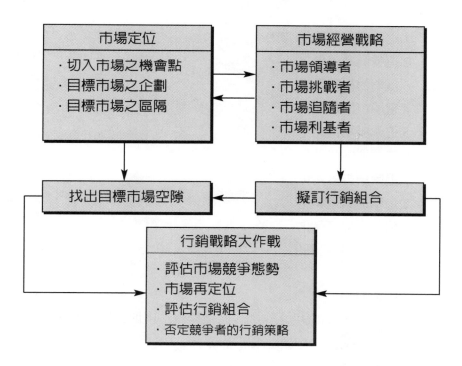

大魚吃小魚市場戰略

又稱為「強者戰略」或「優勢攻擊戰略」，主要的作戰最高指導原則即是「目標戰略」（Targeting Strategy），茲分述如下：

（一）乘勝追擊戰略

追擊戰略就是「跟進戰略」，弱者實施差異化，強者也跟進，則弱者差異化戰略的效果及戰力隨即消失。

以下即為乘勝追擊戰略的有效戰術：

1.追擊產品差異化

2.追擊商品差異化

3.追擊價格差異化

4.追擊市場差異化

5.追擊服務差異化

6.追擊通路差異化

7.追擊廣告差異化

8.追擊促銷差異化

9.追擊定位差異化

10.追擊包裝差異化

（二）廣域戰略

又稱擴大行銷戰場之作戰。此種作戰法別即在擴大區域市場的範圍，使弱者無法施展地域區隔戰。

以下即為廣域戰略的有效戰術：

1.擴大行銷網

　　2.擴大市場範圍

　　3.控制三不管市場

　　4.爭取游離顧客與被動顧客

　　5.擴大試用品促銷活動

　　6.密集轟炸式之廣告策略

（三）**機率戰略**

　　此種戰略即是以企業競爭之優勝法則爲作戰優勢。大企業以高業續、知名度、大

　　規模給予顧客安全感與信心。因此，讓顧客選中的機率一定高。

　　以下即爲機率戰略的有效戰術：

　　1.擴大產品線

　　2.強化商品組合

　　3.設法使代理商或經銷商互相競爭，坐收漁翁之利

　　4.設法使直銷商或直營門市互相競爭，控制整個市場行銷通路

（四）**遠隔孤立戰略**

　　此種戰略即在孤立競爭對手，並隔開競爭對手與顧客間的距離。具體的做法是以供應廠商對付敵方大盤批發商；以大盤批發商對付中盤批發商；以中盤批發商對付小盤批發商；若零售業或服務業，則以賣場實施遠隔戰。

　　以下即爲遠隔孤立戰略的有效戰術：

1.全面活用批發商的銷售戰力

2.強化廣告表現與促銷活動

3.強化物流策略

4.擴大行銷通路

（五）綜合掃蕩戰略：

此種戰略即為綜合動員總掃蕩，亦即投入總體行銷戰力。

以下即為綜合掃蕩戰略的有效戰術：

1.攻擊戰

以絕對優勢的行銷戰力，總體掃蕩競爭對手的既有市場與新市場。

2.防禦戰

如弱者針對重點地區市場集中一點攻堅時，強者應以壓倒性的數量對抗，並應在其他商品和顧客層實施攻擊。

（六）誘導作戰戰略；又稱狐狸作戰

此種戰略即在誘導競爭者步入我方之陷阱中再一舉消滅。

如想展開誘導作戰，就須先瞭解競爭者手中的王牌。瞭解對方意圖後再先下手為強，如此，即能克敵致勝。

以下即為誘導作戰或狐俚作戰的有效戰術：

1.提供競爭對手假市場情報

2.採用混合式的行銷通路

3.運用多媒體的廣告策略

4.掌握競爭對手的行銷策略

5.切斷並封死競爭對手的行銷通路

小魚吃大魚市場戰路

又稱為「弱者戰略」或「劣勢翻身戰略」，主要的作戰最高指導原則即是定位戰略」（Positioning Strategy）茲分下列各項詳述：

（一）差異化戰略：

產品的差異化，靠的是技術，而商品的差異化，則取決於企劃力。產品的差異化是指產品品質、性能等差異，也就是對廠商而言最基本的差異化。此種產品本身的差異化是因技術而形成，現今各廠商在技術水準上都已提升，不易找出太大的差異。

商品的差異化是指高品名稱、包裝等銷售方法的差異化：主要是依賴商品企劃力（Merchandising）與創意力（Big Ideas）。企劃力與創意力取之不竭，用之不盡，只要拋開先入為主與守陳不變的觀念，新點子將會源源不絕。

（二）地域區隔戰略：

所謂「地域區隔戰」就是在特定的區域市場中作行銷戰。劣勢翻身戰略必須找出致勝的主力戰場，或者製造出足以獲勝的有利戰況。

所謂製造有利戰況，就是將市場區隔化，在限定範圍的市場上作戰，對於商品則以種類區分，在限定的商品行銷上作戰。其次，就是將顧客層予以區分，在特定的顧客層下功夫，如此，弱者將有充分反敗為勝的機會。

（三）單挑作教戰略：

　　單挑作戰就是「一對一（One on One）」的戰略。在行銷戰場上，弱者可以利用單挑作戰的利基有下列各點：

　　1.新加入競爭的企業必須看準同業僅有一家營業的市場
　　2.新加入競爭的企業必須看準同業一家公司的顧客
　　3.與同業形成「一對一」局面的市場或顧客予以重點攻堅

　　弱者之所以必須採用上項戰術的原因如下˘
　　（1）因為競爭對手只有一個，所以容易突顯差異化
　　（2）容易掌握並挖走大量競爭對手的顧客

（四）接近遭遇戰略

　　所謂接近遭遇戰，就是近距離作戰。企業商戰的競爭，顧客是最重要的決勝關鍵。行銷競爭取決於顧客，愈接近顧客愈有利。因此，在行銷戰略上的遭遇戰就是拉近顧客距離之作戰。茲將最重要的戰術分述如下：

　　1.直銷法（Direct Marketing）
　　　弱者利用直銷法直接與客戶接觸，可以拉近與客戶間的距離，並可賺取較高的行銷利潤。此種戰術必須對區域市場、商品、顧客層加以定位。
　　2下游作戰
　　　對於在行銷通路的末端客戶進行下游作戰。此種戰術必須找出重點地區、重點客戶進行作戰。
　　3.鞏固根據地作戰
　　　所謂根據地就是總公司、分公司、營業處、工廠等的週邊

區域。必須先強化並鞏固根據地才是有利的作戰武器。

4.親和力決勝千里

弱者必須設法建立與客戶間的人際關係及公關，加深顧客的好印象。切記：人際關係是最大的行銷武器。

（五）集中一點作戰戰略

所謂集中一點作戰就是集中行銷戰力堅點攻擊戰略。集中一點作戰的最大課題是如何重點化攻擊，其決定的因素有下列三點：

1.市場規模

2.市場成長性（包括市場未來性、市場獲利性）

3.市場競爭態勢

集中一點作戰的目的即在塑造「第一」的局面，與「唯一的行銷態勢。所謂善戰者求之於「勢」，「造勢者」可轉敗爲勝。因此，弱者應將重點放在市場競爭態勢，並列爲扭轉乾坤的重點化目標。

（六）聲東擊西戰略

顧名思義，聲東擊西戰略就是打游擊（Hit-And-Run）戰術或擾亂戰術。

以下即爲聲東聲西戰略的有效作戰方法：

1.挫敗競爭者的銷售士氣

2.分散競爭者的銷售戰力

3.打擊競爭者的市場利基

4.奇萎競爭者的行銷通路

5.否定競爭者的實告策略

6.否定競爭者的廣告表現

7.否定競爭者的商品定位與市場定位

市場活化戰略

所謂「生意」就是要能夠「生」存下去，才有「意」思呀！市場行銷絕不是條單行道，往往公司在產品賣不出去的時候，經營者即以降價或削價求售，以求變現過轉。事實上，降價所帶來的負作用是非常鉅大且痛苦的。

另方面，公司的產品賣得不錯，但終究沒什麼賺錢，這已經違反了企業追求錢途的獲利原則與經營理念。這時市場競爭態勢已趨向市場成熟期的白熱化競爭。正因為競爭劇烈導致惡性競爭與變相求售，不按牌理出牌的「絕招」隨即蜂擁而至。

因此，雖然公司將產品賣出去，但仍舊沒多大利潤。如果要將產品賣出去反能賺取豐厚的行銷利潤，唯有賴市場活化戰略（Market Inactivity Strategy）方能達成。

以下即為市場活化戰略的作戰體系，又稱為孔隙戰略市場作戰系統（CAL Strategy for Market Forcing System）的企劃架構。

孔隙戰略為市場作戰

孔隙戰略為市場作戰的思考原則，其思考利基即建立在CAL思考方法上。所謂「CAL」，C即是Creativity（創造力）， A是Actuality（現實狀況）， L是Logics（理論邏輯），即是要磨練市場作戰的獨創力，瞭解現實市場競爭態勢與行銷狀況，精通行銷原理，這就是孔隙戰略構想的要點。

「孔隙戰略」是由下列五個實戰步驟所構成：

1.發掘適合自己產品及企業個性的生存方法

孔隙戰略市場作戰系統企劃架構

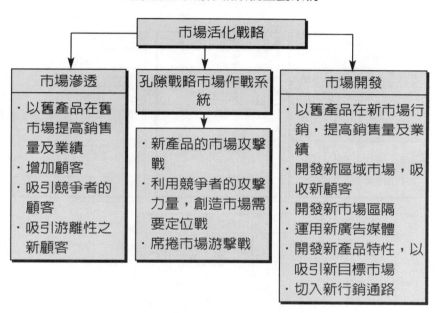

2.重新評估自己產品及企業的生存空間並擴大生存空間

3.找出技術的差異（技術或Know-How差距）

4.確定目標利基市場

5.對準此利基市場，發揮行銷特有的整體戰略作戰功能

茲將孔隙戰略市場作戰系統架構以圖表示如下：

孔隙戰略市場作戰系統，一共有十二種作戰方法，涵蓋下列三大類：

一、「製造新產品（新的行銷商品一的積極戰法）：有全面

孔隙戰略市場作戰系統架構

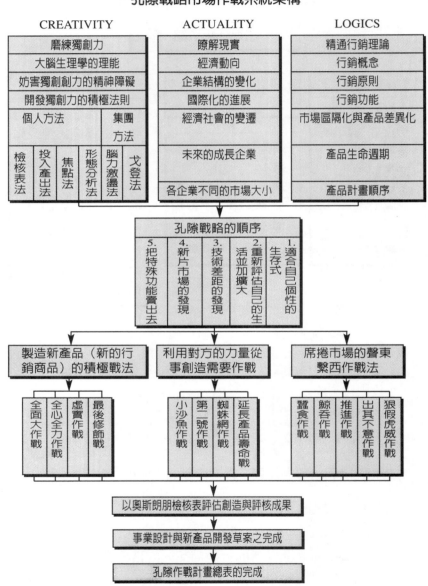

CREATIVITY	ACTUALITY	LOGICS
磨練獨創力	瞭解現實	精通行銷理論
大腦生理學的理能	經濟動向	行銷概念
妨害獨創創力的精神障礙	企業結構的變化	行銷原則
開發獨創力的積極法則	國際化的進展	行銷功能
個人方法　　集團方法	經濟社會的變遷	市場區隔化與產品差異化
檢核表法　投入產出法　焦點法　形態分析法　腦力激盪法　戈登法	未來的成長企業	產品生命週期
	各企業不同的市場大小	產品計畫順序

孔隙戰略的順序

5. 把特殊功能賣出去　4. 新片市場的發現　3. 技術差距的發現　2. 重新評估自己的生活並加擴大　1. 適合自己個性的生存式

製造新產品（新的行銷商品）的積極戰法

全面大作戰　全心全力作戰　虛實作戰　最後修飾戰

利用對方的力量從事創造需要作戰

小沙魚作戰　第二號作戰　蜘蛛網作戰　延長產品壽命戰

席捲市場的聲東繫西作戰法

蠶食作戰　鯨吞作戰　推進作戰　出其不意作戰　狼假虎威作戰

以奧斯朗朋檢核表評估創造與評核成果

事業設計與新產品開發草案之完成

孔隙作戰計畫總表的完成

大作戰、全心全力作戰、虛實作戰、最後修飾作戰。

二、「利用對方的力量，從事創造需要作戰」：有小沙魚作
　　戰、第二號作戰、蜘蛛網作戰、延長產品壽命作戰。

三、「席捲市場」的「聲東聲西作戰法」：有蠶食作戰、鯨
　　吞作戰、推進作戰、出其不意作戰、狐假虎威作戰。

以上所述的所有實戰方法，在確定企業的整體事業計劃與新
產品開發方案時，即須擬訂執行，方能達到最佳的成果。

茲再進一步針對此三大類詳細分述如下：

製造新產品（新的行銷商品）的積極戰法

特別強調「新的行銷商品」是因為如果用「新產品」一詞，
將被誤解不包括新的服務、新的行銷通路、新商品的組合、新商
品開發、新商品企劃與新商品物流策略。正因為強調「新的行銷
商品」，就是要將上述各項均涵蓋在內。

茲將行銷「新的行銷商品」的四個行銷作戰策略分述如下：

（一）全面大作戰

此項全面大作戰的最高指導原則必須將商品定泣的全面系統
作整體企劃。方能整體運作成功。

（二）全力作戰

全心全力作戰就是集中行銷戰力，全心全力單點攻擊目標市
場。同時，必須將構想好的創意融入新產品中及塑造出與公司共
存共榮的行銷理念與作戰信條。

（三）虛實作戰

　　虛實作戰又稱罵行銷正反兩面作戰，在剛開始從事市場行銷作戰時，公司可能是一個空虛無利潤、無業績的企業，等到掌握市場需求及領導市場後，公司隨即迅速轉變成實業。

（四）最後修飾作戰

　　最後修飾作戰就是?畫龍點睛?與?臨門一腳」的綜合體，商品在經過最後一道修飾工夫後，價值就不同凡響。最後修飾作戰是就已有的商品水準作更進一步的提高與創造附加價值及格調，這將使商品的價值成效用提高數倍，創造豐厚的商品行銷利潤。

利用對方的力量，從事創造需要作戰

　　茲分為下列四大作戰法：

（一）小沙魚作戰

　　小沙魚是附在沙魚身上跟著沙魚到處做免費旅行的一種小魚。搶搭別人便車，所得行銷作戰優勢為此項作戰的最高指導原則。又稱搭便車戰略。

（二）第二號作戰

　　又稱老二戰略（We are No.2, but we will be No.1 someday）。此種作戰的行銷理念（Marketing Concept）應定位在「總有一天超過你」的柔術策略，方能贏得必勝的市場競爭，而不致被市場領導者（市場老大）以降價及封殺行銷通路之策略困死在目標市場。

（三）蜘蛛網作戰

此種作戰法必須廣布市場情報網與行銷網來蒐集各種不同的市場情報與行銷創意，而且必須如蜘蛛般張開大網，大事蒐集又廣又精的行銷作戰情報。蜘蛛網作戰並非積極主動地從事新產品開發，而是等待新創意投入行銷情報網中的作戰法。

（四）延長產品壽命作戰

又稱行銷天蠶變作戰。在產品生命週朗中，延長產品在上市期、成長期、成熟期、飽和期及衰退期各期間的生存時間，以保持產品活力而不會迅速地遭市場淘汰。

席捲市場的聲東擊西作戰法

茲分爲下列五大作戰法：

（一）蠶食作戰

這是一種席捲目標市場的行銷作戰。由點而線，由線而面，由面而作整體市場的滲透與囊括。

（二）鯨吞作戰

這是一種以「大魚吃小魚」的行銷作戰。先領導整個競爭市場的流行與需要，最後控制全面市場。

（三）推進作戰

此種作戰是在產品賣不出去時，在產品身上加入銷售促進點子（即促銷創意一使產品暢銷風行的作戰：

（四）出其不意作戰

又稱「出奇致勝戰略」。以行銷團隊（Marketing Team）共同作腦力激盪（Brain Storming）所激發出來的行銷奇招。此種作戰法以「不按牌理出牌」為最佳決戰本領。

（五）狐假虎威作戰

這是一種以「知名人士」或「權威人士」作廣告宣傳及促銷活動的作戰，又稱「行銷作秀戰略」。往往名人、影星所廣告的產品特別暢銷搶手，都是此種作戰的功效。

市場活化戰略如果要運作成功，必須再評估綜合企業的整體戰力，才能立於不敗之地。不但進可攻，而且退可守，這是萬全之策。

茲將企業戰力與市場戰力的聯合作戰策略以列表方式說明如下：

企業戰力與市場戰力優勢，劣勢評估表

企業戰力評估		與競爭者的優劣比較		作戰策略
		勝□ 敗□	優勢與劣勢	
創新戰力	·研究與科技陣容 ·研究設備 ·基礎研究力 ·應用研究力（商品開發力） ·專利權			
生產戰力	·生產產能 ·生產技術力 ·生產管理力 ·生產設備力 ·原料與品質			
財務戰力	·經營資本 ·流動資金 ·負債能力 ·自有資金能力 ·融資能力			
管理戰力	·經營管理人的才與德 ·中堅幹部與基層人員的素質 ·組織力 ·人事行政管理力 ·策略決策力			
行銷戰力	·產品系統戰力 ·物流戰力 ·廣告與促銷戰力 ·銷售據點與戰力 ·行銷通路 ·服務力			
顧客戰力	·經營區隔的規模與成長 ·顧客的接納度 ·顧客的忠誠度			

8

行銷定位與
市場戰略個案研究

國內百貨
市場行銷定位與市場戰略

綱要

一、前言

二、本案策略架構

三、行銷研究

    1.消費者分析

    2.市場競爭態勢分析

    3.目標市場分析

四、商品定位

五、市場定位

六、行銷商品策略

    2.訂價策略

    3.通路策略

    4.推廣策策略

    1.略

      (1)廣告表現策略

        A.定位訴求

        B.生活型態訴求

        C.專業化訴求

      (2)促銷戰略

        A.新促銷媒體的運作

        B.新商品發表會

        C.打折活動

        D.贈品及抽獎活動

前言

　　近年來，國內市場的急遽變動，產生了流通革命。在百貨業市場的行銷戰中，以崇光百貨（SOGO）切入市場的滲透策略最受矚目，也因此，台灣百貨業的市場競爭態勢愈趨複雜與激烈化。

　　在整個市場競爭態勢中，台北市先施百貨,永琦百貨、明曜百貨、統領百貨、中興百貨、SOGO百貨、今日百貨、鴻源百貨以及來來百貨為市場競爭的主要對手。然而，新競爭業者的加入戰場，基本上可以帶動更高的業績與市場佔有率。但是，就經營管理與行銷策略而言，台北市的綜合百貨公司大體上均有業績不理想的現象，除了SOGO百貨以外，每家百貨公司都陷於苦戰的局面。因此，國內百貨市場的經營必須採取整體行銷組織戰，亦即必須運用商圈立地戰略、商品企劃並區隔差異化定位、業態推廣、經營戰略與促銷戰略的總體作戰。

本案策略架構

市場競爭態勢
（Market Competitive Situation）

商業空間企劃
（Business Space Planning）

行銷定位策略
（Marketing Positioning Strategy）
・商品定位（Product Positioning）
・市場定位（Market Positioning）
・再定位（Re-Positioning）

目標市場
（Target Market）

・市場區隔 （Market Segment Positioning）	・市場優勢、劣勢、機會與 威脅（SWOT Analysis）

整體行銷策略
（Total Marketing Strategies）

商品策略	訂價策略	通路策略	推廣策略
・多品牌商品戰略 ・商品線擴充 ・商品企劃	・吸脂訂價 （Skimming Price） ・滲透訂價 （Penetrating Price） ・加成（加碼）訂價 （Price Markup）	・生活的百貨公司 ・流通情報 ・物流戰略 ・綜合服務通路	・廣告表現策略 ・定位訴求 ・生活型態訴求 ・專業化訴求 ・促銷戰略 ・促銷媒體

行銷研究

消費者分析

　　百貨公司的經營與行銷策略最須有「顧客」的觀念，所謂利潤與營業額都是來自顧客的購買，在一個百貨企業中，每一個工作人員及主管都在做服務顧客的工作，共同爭取顧客，滿足顧客，皆以「顧客至上」的服務精神來服務顧客。

　　因此，百貨公司要能創造顧客與公司間的協調、溝通與默契，使顧客支持百貨公司才算是成功的經營。

　　消費者對百貨公司的心理定位都是建立在「購買滿足感與價值感」的層面，尤其國人心理有一層「買爽」的特性。因此，百貨公司要真正抓住消費者的心，還真需花相當的功夫，方能克竟其功。

市場一競爭態勢分析

　　大體而言，百貨公司必須研究的目標市場與行銷流通情報可歸納為下列幾點：

1. 原附屬於百貨公司的超級市場已漸漸脫離百貨公司而成為獨立的業態，更有連鎖經營的發展趨勢。
2. 必須開發真正附屬在百貨公司的食用賣場或美食廣場。
3. 各業種專門店的紛紛設立，亦是朝向連鎖化的經營型態。
　其以專精的商品企劃，成立各種類型的專門店，例如服

飾、玩具、童嬰用品、體育用品、家庭電器用品專門店等
等。

4. 專櫃型態的經營方式，使得百貨公司的經營成本與行銷成
本負擔太重，無法朝向市場區隔化、商品差異化的創新行
銷技術發展。

5. 百貨公司整體行銷戰略的運作與市場持續力必須再強化。

以市場競爭態勢的情況加以分析，可將各家百貨公司區隔如
下特性：

1. 市場領導者

SOGO百貨

2. 市場追隨者

永琦百貨、遠東百貨、統領百貨

3. 市場挑戰者

鴻源百貨、來來百貨

4. 市場利基者

中興百貨、先施百貨、明曜百貨

目標市場分析

百貨公司的市場競爭在強調「優勢競爭」 與「競爭優勢」生
活者與感性者是來百化貨公司必爭的兩大市場「物質的享受」與
「心靈的充實」是百貨公司優競爭必須掌握的經營特色，消費階層
的感性行為正代表生活品質與消型態提升的一種象徵。

根據市場調查情報顯示：目標市場的消費客層以上班族、家

庭主婦、學生族、小孩為主要消費對象。其逛百貨公司購物的主
因有下列幾點心理定位：

　　1.貨品齊全。
　　2.輕鬆舒適的購物環境與溫馨的賣場表現。
　　3.交通雖然擁擠，但有停車場可免費停車。
　　4.節省時間，並有食、育、樂方面的設施。
　　5.服務親切，有「顧客為車」的滿足感與尊貴感。
　　6.對百貨公司的形象與知名度有認同、肯定的信賴感。

商品定位

　　百貨公司的行銷定位必須掌握國內零售市場已趨向「少量多
樣」的定位訴求，其中消費客層購買習性個性化、多元化的「品
味消費」已形成，因此百貨公司必須追求「一次買足」、「精緻文
化」與「生活休閒」的整體商品定位，並塑造個性、文化、流
行、品味、魅力、流通情報等特色，例如仁愛遠東百貨的商品策
略改走純男性化的「專業定位」，與中興百貨塑造「高品質、高格
調、領導流行的形象定位」即是最上乘的定位路線。

市場定位

　　在台北市的百貨商場，共有二十幾家百貨公司，各家都使出
渾身解數，欲攻佔市場的一席之地。

　　茲以中興百貨爲洌；中興百貨的商品線大多以國外品牌與國內流行服飾爲主，客戶層以25歲到40歲的上班族、雅痞、貴婦或台北社交圈的名流爲主要市場定位。然而，由於商品線與客戶層都有限，無法滿足客戶，「一次買足」的服務與各層面客戶的「個性化需求」。

　　因此，市場定位的優勢與劣勢；市場切入機會與市場競爭者的威脅等因素，對百貨公司而言，實乃行銷成功與競爭策略的致勝武器。

行銷策略

商品策略

　　除了擁有大賣場的百貨公司外，其他的單店百貨公司或中小型賣場的百貨公司，其最主要的商品策略必須朝向多品牌商品戰略與商品線整合戰略的經營方針。例如中興百貨在「最能領導流行」與「櫥窗設計最美」二項中，達到有效差異化的商品策略。例如鴻源百貨、SOGO百貨、力霸百貨、遠東百貨寶慶店等大賣場的商品策略，則可以強調「商品線擴充」與「商品結構強化」的整體商品企劃，以達到賣場多樣化的陳列與寬敞的動線設計。

訂價策略

　　百貨公司的訂價策略有趨向兩極化的情況。其中以吸脂訂價

策略（Skimming Price Strategy）的SOGO百貨、先施百貨與中興百貨最具代表性。茲將百貨公司可採用的訂價策略分述如下：

訂價策略（Pricing Strategy）		
・吸脂訂價 （Skimming Price） 例如：SOGO百貨 　　　中興百貨 　　　先施百貨	・滲透訂價 （Penetrating Price） 例如：統領百貨 　　　永琦百貨 　　　遠東百貨	・價格加成 （Price Markup） 例如：力霸百貨 　　　明曜百貨 　　　鴻源百貨

通路策路

　　茲將百貨公司的通路策略、物流策略與流行情報的實戰策略分述如下：

1. 顧客組織化：將已有顧客納入組織管理的系統，經常保持聯繫，並反透過各項消費活動與情報資訊的提供，成為有組織的客戶群。亦即要落實顧客管理的系統運作。

2. 流通情報的經營管理與滿足顧客個性化、多樣化的消費需求，兩者是相輔相成的。因此，掌握顧客情報將是百貨公司必須投入的經營資源與行銷利器。

3. 「生活的百貨公司」勢必取代「商品的百貨公司」。這是百貨公司行銷技術的潮流。因此，百貨公司必須提供一切生活需求的消費通路。

4. 綜合服務業務的開發，配合生活水準的提升與消費意識的改變，這些都是百貨公司必須努力的方向。例如文化教室

（永琦百貨）、休閒俱樂部、旅遊、購屋情報、金融業務等
等之生活消費情報必須再度強化。

5.百貨公司「資訊情報化」與「生活休閒化」的行銷趨勢已
來臨。因此，各百貨公司必須掌握創新突破的行銷通路。

推廣策略

1.廣告表現策略

百貨公司的廣告表現策略最成功的做法為下列幾項：

(1)定位訴求（Positioning Appeal）

定位訴求必須與百貨公司本身的形象與商品訴求互相搭
配，方能奏效。例如中興百貨的電視C F廣告均強調「古
典中國的品味」；SOGO百貨則以「大魚」的姿態在電
視CF或其他報紙與雜誌媒體上，定位訴求其為百貨業的
巨艦。

(2)生活型態訴求（Life-Style Appeal）

生活型態訴求以永琦百貨的文化教室、今日百貨的美食
廣場、明曜百貨的休閒展售會、鴻源百貨的遊樂場為最
典型。

(2)專業化訴求（Focus Appeal）

例如中興百貨正計劃將客戶層向下延伸，吸引青少年、
兒童，重新定位為年輕的、追求自由、突破、創新、富
有挑戰精神的消費客層。其訴求主題楊為「快車道」
（Fastlane）。而遠東百貨仁愛路分店已朝專業化「男士百
貨公司」的行銷訴求。這些都是極成功的實例。

2.促銷戰略

茲將百貨公司的促銷戰略分述如下：

(1)新促銷媒體的運作

為了有效與顧客取得連繫，更迅速地提供百貨公司資訊，建立過全完善的服務網，公司內閉路電視，文字圖案視訊設備等新促銷媒體的運作，可做到百貨公司整體性資訊服務的效果。

(2)新商品發表會

將欲上市或剛上市的新商品，設置新穎的賣場，做促銷活動。例如超級市場常見的「試吃」活動。

(3)打折活動

百貨公司打折是最容易而且最有效的促銷方法。由於業績的因素，商品銷售成績不理想，以打折方式促銷，對顧客而言，都比其他方式有效而反直接實惠。

(4)贈品及抽獎活動

百貨公司的贈品及抽獎活動大都在節慶或百貨公司生日或其他時間依消費者購買發票金額比例，贈送特定禮物或抽獎禮品、禮金等。

大體而言，在國內百貨市場、百貨公司的打折與贈品、抽獎活動對大多數的消費者的消費利益都可回饋某些心理層面的滿足。因此，這些也是非常重要的促銷戰略。

成功的經營管理與創新的行銷策略是屬於快半拍的人與企業，企業最高的經營境界是「永續經營」，而百貨公司的經營管理與行銷戰略正能符合此項經營突破與行銷創新的時代使命。

個案二

國內速食連鎖
市場行銷定位與市場戰略

前言

近年來,國內外食市場的吸引力日益擴大,市場需要愈漸增強,因而成為投資者注目的焦點;速食餐飲只是外食市場中的市場空間。然而,由於「速食連鎖店」的快速成長與其所帶來的衝擊,再加上速食餐飲業被列為十四項策略性服務業的第二名,遂使其成為今日產業(服務零售業)行銷最值得投資的行業。

本案策略架構

整體行銷策略 （Total Marketing Strategies）			
商品策略	訂價策略	通路策略	推廣策略
·商品企劃 ·商品企劃 （Merchan- dising Planning）	·價格加成（Price Markup） ·吸脂訂價 （Skimming Price） ·滲透訂價 （Penetrating Price）	·連銷店商圈 立地戰略 ·物流與配銷 策略	·廣告策略 ·媒體戰略 ·促銷活動 ·連鎖店魅 力塑造 ·賣場POP企 劃與動線 企劃

市場競爭態勢分析

在市場競爭態勢中，由市場區隔的方式將速食業區分罵中式速食與西式速食兩種。而中式速食以唯王與三商巧福（原七七巧福）為代表，西式速食則以麥當勞、肯德基與溫娣為其中的使使者。西式速食是由國外引進的經營秘訣（Know-How），中式速食則均由國人自行開發。麥當勞是第一家進入台灣市場的速食連鎖店；而溫娣的成長相當迅速，在一年內開了七家連鎖店，肯德基在炸雞方面具有獨特的口味，也佔有獨特的市場區隔。唯王是第一家以中式速食為訴求的連鎖店；三商巧福則是目前自營店最多的速食連鎖店。

市場優勢利基

- ·麥當勞的市場優勢在於清潔，快速，品質，服務，價值感。
- ·肯德基的市場優勢爲商品口味的市場利基。
- ·溫娣的市場優勢爲全家的速食伙伴。以家庭成員爲訴求對象。
- ·唯王的市場優勢爲中式傳統口味的企業經營，並加上外帶的市場利基。
- ·三商巧福以顏色管理爲市場優勢，並搭配小菜與牛肉麵爲主的商品定位。

行銷定位策略

行銷定位策略是行銷成功與否的重要關鍵。由於所有的行銷活動，包括銷售、廣告、促銷、訂價、商品生命週期、包裝、配銷及公共關係均以市場定位爲依歸。由麥當勞引進國際連鎖企業的經營，在台灣市場即到了成長期的後半期，呈現競爭白熱化的市場態勢。在這多變的市場與競爭激烈的環境中，唯有建立張而有力的行銷定位策略，才能找出一條生存與發展的市場空隙。茲將細節分述如下：

目標市場

　　根據市場情報顯示，以速食產業的廠家而言，其最常採用的市場區隔方式是以「人口統計因素」為主，其他如地區因素、顧客心理因素與顧客消費行為因素等較少使用。而在人口統計變數中，又以?年齡?與?職業?最常該運用；西式速食業者均以年齡作為市場區隔的考慮變數；中式速食業則以職業為市場區隔的變數。其中麥當勞以年輕人為主要目標市場（年齡由4歲～30歲男、女性），溫娣與肯德基則以家庭成員的消費客層為主要訴求對象；唯王與三商巧福則定位在學生族與上班族的市場客層。

市場定位

- 麥當勞：以年輕、活潑作訴求，希望提供一個輕快的用餐環境。
- 溫娣：以高品質、高價格的定位，希望帶結消費者的印象是產品比競爭者較好，價格比競爭者較貴。
- 肯德基：定位在「家庭成員的消費」，提供一家庭式溫馨團圓的用餐氣氛。
- 三商巧福：定位於強調提供上班族?快速?、?簡便?的用餐環境。
- 唯王：定泣於中式速食簡餐與外帶餐盒，並以快速自我選擇的環境，透過點心式產品的組合，來滿足消費者多樣化的需求。

　　由以上分析，可看出各連鎖店在市場定位上的做法均傾向於塑造「吸引目標客層的舒適用餐」印象訴求爲定位策略。其中，西式業者的策略多秉承授權母公司的原有風格，中式業者則積極在塑造自己的魅力與獨特風格。

行銷組合策略

商品定位

　　西式速食業者，推廣的重點都在小孩子的需求層面，一方面希望培養小孩子從小吃速食的習慣，另一方面也希望透過小孩子的帶動，能吸引整個家庭成員都到店中接受溫馨的服務。

　　以下即爲行銷新趨勢：

　・業者已漸漸有動態行銷系統的策略，會針對市場的反應來修訂行銷策略。
　・以往速食市場以上班族與學生爲主要客層，今日的速食市場由於加入了許多婦女與小孩，更增加市場的活潑性與熱絡，使業者有更多的選擇機會。

　　因此，速食業有三大主要目標市場：

1.上班族市場
2.學生市場
3.家庭組員市場（以家庭爲消費單位）

商品策略

商品策略係根據行銷定位策略所選定的區隔市場，提供符合該一區隔市場需求的商品。餐飲業屬於零售服務業的領域，因此，在進行商品組合與商品企劃時，有下列各項因素值得考慮：

1.零售服務業的無形性（指服務）
2.零售服務業的可變性（指市場客層）
3.零售服務業的不可分離性（指連鎖店經營與行銷策略）
4.零售服務業的消滅性（指形象、知名度與口碑等公關因素）

以上四項特性所帶來的行銷瓶頸（Marketing Bottleneck）是極難解決的棘手問題因此，在擬訂商品策略時，應以速食連鎖的商品來加以定位，其中應包含下列各要項：

· 實體商品的供應
· 商店氣氛的塑造
· 動線的規劃與POP廣告的陳列
· 提供的服務與特色
· 商店賣場的整體設計

以上五種要項必須由企劃——控制——追蹤！評估之商店管理制度加以落實。果真如此，方能在競爭市場上取得優勢競爭的條件與利基。

訂價策略

　　訂價乃行銷戰略中最敏感而痛苦的決策。一方面，價格決定企業之收入，另一方面，價格又爲企業在市場競爭中刺激業績的主要武器。

　　台灣市場速食連鎖店的價格普遍扁高，是眾所皆知的事實。然而，根據市場訪問資料顯示，影響商品價格的重要因素，可歸納爲下列各點：

- ·成本因素（包括經營成本與行銷成本）
- ·競爭者訂價水準
- ·顧客心理價格標準
- ·公司的行銷目標
- ·公司的行銷利潤與市場佔有率的衡量

　　以下即是台灣中式速食業與西式速食業的訂價策略，茲以表列說明：

　　由下表可看出：中式速食業者的訂價策略多以成本加成爲原則，而西式速食業則大多以競爭導向與滲透市場爲訂價目標。

　　此外，最具突破性的訂價行銷，最近也被速食業者所捌用，茲分述如下：

- ·大眾化的普及價格，讓更多消費者享用商品爲主要訂價目標，如此有利市場擴張。
- ·先行決定售價，再根據這一價格來企劃商品組合。
- ·人事費與材料費爲成本的核心，因此追求規模經濟與兼差員工（以時薪計算）的大量僱用爲降低成本的重要途徑，

訂價策略	
麥當勞	依消費者對消費價值感的知覺來感受價值，加以訂價
肯德基	參考競爭者所訂的價格加以訂價，目的在於市場競爭
溫娣	參考競爭者所訂的價格及顧客反應意見加以訂價，以市場滲透與競爭優勢為目的
唯王	反應成本加上固定之利潤加以訂價，以成本加成為標準
三商巧福	以訂價尾數不為零或整數為原則，加以訂價。如55元、65元，其目的在滲透市場與刺激市場佔有率

而僱請時薪兼職人員更是速食業的市場潮流與經營方針。

通路策略

由於速食業是定位商圈的連鎖經營型態，生產、物流、配銷與銷售幾乎同步發生，同時，商品又多無法保存太久，因此必須利用多點分布的擴散行銷，來形成面的市場攻擊，以達到攻佔市場的目的。所以，走向連鎖經營，以多店連鎖各商圈向多處市擴散，即成為經營成功的要件。

茲將速食連鎖店的商圈立地戰略與通路策略列表分述如下：

綜觀上表所述，速連鎖店的通路策略可整理並歸納為下列各種型態：

1.以連鎖經營與多據點加以攻佔目標市場。

2.連鎖經營的形態以自營連鎖與授權經營為主；授權經營為向國外購買的經營Know-How與商店品牌，此為西式食業的特色，中式速食業者則仍以自營連鎖為主。

3.以台北市為首先切入的目標市場，站穩腳步後再向中南部推展，而台中為第二主力市場，高雄則為第三主力市場。

4.物流之配送路線，其通路長短為先期切入市場必須考慮的

速食連鎖店的商圈立地戰略與通路策略

	商圈立地戰略	通路策略
麥當勞	・人口數與開店地點均以生活人的市場為主 ・著重地區分布與物流配銷問題	逐步向中南部發展，並發展適合各種商圈與立地條件的店（包括人潮集中地、車站附近、學校、商業區、金融圈）
肯德基	・人口結構與密度 ・商圈特性（以商業區與學校附近及人潮集中地區為主）	全面性發展，目前以台北市為主要目標市場
溫娣	・人口流量多的地區 ・市場發展性 ・交通方便性 ・消費特性	以快速開店來佔據市場空間，拉近與麥當勞的距離，並定位於市場追隨者的角色
唯王	・瞭解地段特性 ・人潮集中地區 ・社區	以複合店的經營型態增加集客戰力，以商業區、辦公區為主要開店通路
三商巧福	・商圈附近之消費水準 ・店面大小與座位設計 ・人潮集中區 ・市場真空區為未來發展重點	追求普及化的消費型態，以取代路邊攤

重要因素。

5. 西式速食業者有集中開店，以造成更大市場的傾向，向郊區發展更是未來的目標。

6. 人潮即錢潮。此為速食業者選擇開店地點之主要考慮因素，人潮的結構更是注意的焦點。人潮的特可分為：

 · 流動人口
 · 當地居住人口
 · 娛樂集合人口
 · 上班族人口
 · 逛街購物人口

7. 不同的商圈特性有不同的機能與集客能力，因此商圈特性也是業者必須注意的焦點。商圈可分為：

 · 商業區
 · 住宅區
 · 辦公商業區
 · 娛樂區
 · 學術區（學校附近）
 · 各種功能組合的綜合商圈

8. 商圈內人潮的消費水準是影響開店的重要因素。

9. 複合店的開發能創造更大營業額與營業利潤。

10. 台北市東區的發展與消潛力為速食業者必爭之地，西區雖然人潮特性與消費能力均已有改變，但仍屬於適合開店的地段，唯必須調整商店特性與經營策略。

推廣策略

在零售服務業的行銷策略中，企業形象的建立與知名度的炒熱相當重要。除了透過業者所提供的商品帶給消費者的感覺外，廣告與促銷活動更是業者在爭取消費者認知與印象的重要策略。因此，廣告策略與促銷戰略的實戰運，並發出適當的廣告與促銷訊息與消費者心連心，建立密切關係，乃是推廣策略的主要課題。

茲將速食業的推廣策略列表分述如下：

綜觀以上所述，速食業的推廣策略可由下列各項重點落實執行：

1. 廣告策略的應用可分三階段執行：
   (1)建立企業知名度，告知消費者企業的性質，及所提供的產品與提洪何種特色的服務。
   (2)強化企業形象，增加消費者由認知、肯定到指名購買。
   (3)針對單項商品（單品）或新商品來加強度告與促銷活動。
2. 企業形象的塑造是經營速食業的行銷目標。
3. 西式速食業共同的特色，即是以企業代表人物為連鎖店之POP造型，例如麥當勞為麥當勞叔叔造型，肯德基為肯德基上校造型，溫娣為小女孩造型。其主要目的為藉此增加企業對市場顧客的親和力。
4. 口碑宣傳及耳語運動（Whisper Campaign）是極重要的溝通方式。此外，加強服務、維持更好品質都是必須落實執行

速食連鎖店的推廣策略

	電視廣告	促銷活動	公共報導	實戰策略
麥當勞	·帶動狂熱 ·大量投入TV廣告 ·密集強打	·合作促銷生日餐會 ·贊助回饋社會活動	·利用機會製造新聞、事件 ·各種活動吸引各媒體注意	·運用話題性的訊息 ·傳播塑造精神人物或偶像
肯德基	·較保守,不敢過份強打TV廣告 ·著重在企業形象的塑造 ·較保守,不敢過	·打折 ·贈送禮品 ·運用DM	·尚未運用	·以地區性市場之推廣為主 ·走市場利基者之定位策略
溫娣	份強打TV廣告 ·著重企業廣告 ·只做企業形象廣告	·贈送禮品 ·舉辦促銷活動	·尚未運用	·以地區性市場之推廣為主 ·走市場利基者之定位策略
唯王	尚未運用	·打折 ·贈送小禮品	·尚未運用	·利用口碑宣傳 ·配合節慶假日促銷
三商巧福		·贈禮品 ·舉辦抽獎郊遊活動	·尚未運用	·以地區性市場之推廣為主

的要項。

5.促銷活動最常使用的方式是贈品與贈獎,舉凡贈送小禮物、集點券、贈獎券等都非常流行與有效。

6.與其他企業合作做聯合廣告也是很有效果的方式,例如麥當勞與俏麗洗髮精的聯合廣告即很成功。

7.社會愛心回饋活動、刮刮樂活動、寫生作文比賽、親子活動、快樂家庭等顧客參與性的宣傳與促銷活動漸被速食業

者所採用。

8.連鎖店整證企業形象的塑造與提升，必須藉公益性活動、
體育贊助活動以及捐血活動等慈善活動達成。

9.運用新聞性、話題性的訊息來做一議論紛紛一由宣傳，可
吸引大眾傳播媒強的注意與免費的宣傳報導。

10.由各家分店的小商圈行銷策略中，可做定點行銷與廣告表
現的模範。同時，針對各商店附近的商圈特性、人潮特性
加強促銷與推廣的整體活動。

個案三

國內運動鞋
市場行銷定位與市場戰略

綱要

前言

　　台灣市場首先出現的運動鞋品牌當屬愛迪達（ADDIDAS），其後，各種國外進口名牌相繼切入國內市場，諸如銳跑（Recbuk）、彪馬（PUMA）、耐吉（NIKE）、羅德（Lotto）、旅狐（Travel Fox）、TIGER、美津濃（MIZUNO）、CONVERSE˘等都加入運動鞋的市場競爭。而市場佔有率的攻防戰與市場競爭的作戰策略更是每家品牌的看家本領。

本案策略架構

行銷組合策略 (Marketing Mix Strategies)			
商品策略	訂價策略	通路策略	推廣策略
· 商品生命週期 · 商品企劃 · 商品功能設計 · 品牌知名度	· 吸脂訂價 （Skimming Price） · 滲透訂價 （Penetrating Price）	· 大型百貨公司專櫃 · 大型體育用品公司 · 直營專賣店 · 綜合運動鞋專賣店 · 傳統鞋店	· 廣告策略 · 廣告表現 · 煤體戰略 · 促銷活動 · 公關活動

市場研究

市場競爭態勢分析

在台灣市場的運動鞋可區隔為兩大系統:其一為國產品牌,另外為進口品牌。國產品牌更可分為以下幾種較具代表性的品牌:

1.中國強
2.黑豹
3.牛頭牌
4.雙鏢牌
5.將（JUMP）牌
6.宜加跑（ICASPORT）
7.肯尼士（Kennex）

　　進口品牌則可區隔為第一代、第二代、第三代品牌，茲將細節分述如下：

　　第一代品牌：ADDHDAS、 PUMA、 LOttO

　　第二代品牌：NIKE、CONVERSE、TIGER、美津濃（MIZUNO）

　　第三代品牌： Reebukk、旅狐（Travel Fox）

　　由市場競爭態勢的角度觀察， ADDIDAS在市場上的佔有率，的確較其他品牌都高，屬市場領導者的定位。而最具市場爆發力的銳跑（Reebuk）則走向市場利基者的定位策略，其行銷作戰策略相當強勢。

消費者分析

　　我國國民生活水準的高低，可由國內消費者對運動鞋的年消費量與鞋類使用材質來加以判斷。國內市場對運動鞋的消費量每年每人平均在三雙以上，對於使用高級皮質製造，其價格、包裝、形象、品質及功能較高的進口名牌運動鞋而言，國內消費者對品牌意識的需求與設計的精良，使得進口品牌運動鞋創造出更寬廣的市場生存空間。

　　在國內消費者的生活型態中，「晨跑、慢跑、健步、休閒」的生活訴求已著實形成一股趨勢。消費者受到這種風氣的影響，開始投入參與各種體育活動與運動休閒項目。因此，市場上的品牌都已朝向商品企劃的整體設計，其中最高消費者歡迎的商品優勢即是生產技術都按照商品功能、效用、著力方式與人體工學加以特殊設計。例如銳跑強調性與透氣的商品定位即是創新的商品

觀念與行銷技術。

目標市場分析

國內運動鞋的主要目標市場為年輕人市場，並以?輕鬆、瀟灑又自在?為商品定位訴求，尤其是一雙價格可能會賣出皮鞋的進口名牌運動鞋，在消費者?高價格即代表高品質與高水準！的消費心理下，高級進口品牌價成為目標消費群的最愛。

商品定位與市場定位

商品定位

國產品牌中較受矚目的商品，首推肯尼士（Kennex）、宜加跑和將（JUMP）。三種代表性品牌。肯尼士以國內產製的自創品牌，首先行銷美國、歐洲等國際市場，獲得國際市場極大的好評與肯定，再以國際品牌的角色與國際運動水準的商品定位行。銷台灣市場，更由於品質優良與世界名牌的商品定位，頗受消費者的喜愛。

宜加跑為國產的高級品，其商品定位為?跑得快、跳得高?，並在初期的行銷策略採用搭便車的市場戰略，直接與進口品牌相提並論，許多消費者因此而記知、肯定並指名購買其商品，成為國產品的代表性品牌。

將牌（JUMP）的商品定位以?舒適、彈性、耐用?為訴求點。

市場定位

在競爭激烈的目標市場中，各種品牌居於市場領導者、市場挑戰者、市場追隨者、市場利基者的定位均有其代表性的強勢名牌，茲分述如下：

1. 市場領導者：愛迪達、肯尼士、耐吉。
2. 市場挑戰者：旅狐、GONVERSE
3. 市場追隨者：宜加跑。
4. 市場利基者：銳跑、TIGER、美津濃、彪馬。

商品策略與商品生命週期

許多進口品牌均採用商品專業領域的商品策略，例如耐吉為籃球鞋的代稱，美津濃（MIZUNO）以棒球鞋為專業，CONVERSE則是美國職業NBA籃球健將的最愛、ADDIDAS愛迪達則以網球鞋著稱、TIGER以田徑鞋出名、PUMA（彪馬）則以足球鞋為商品優勢，這些品牌在目標商品均佔有各自的商品空間。以下即是各品牌運動鞋在台灣市場的商品生命過期：

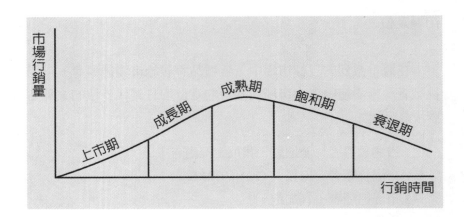

各品牌運動鞋				
・MIZUNO ・CONVERSE ・NIKE	・Reebuk(銳跑) ・TIGER ・PUMA ・Travel Fox	・ADDIDAS ・JUMP ・宜加跑	・Kennex (肯尼士) ・Lotto	・中國強 ・黑豹 ・牛頭牌 ・雙鏢牌

訂價策略

　　一般而言，進口品牌的訂價都採用吸脂訂價策略，售價平均多在新台幣800～2000元之價位，有些甚至超過2000元。國產品牌大都採滲透訂價策略，價位約在新台幣380～650元為最普遍，也有採取中上價位，大約在新台幣600～900元之間。

　　茲將進口品牌與國產品牌的訂價策略以表列分述如下：

訂價策略	
進口品牌	國產品牌
· 吸脂訂價策略（Skimming Price Strategy）約NT$800~2,000元之間的價位	· 滲透訂價策略（Penetrating Price Strategy）約NT$800~900元之間的價位

通路策略

國內運動鞋市場的行銷通路大都採用以下幾種：

1. 傳統鄉、鎮、地區的鞋店
2. 綜合運動鞋專賣店
3. 大型百貨公司專櫃
4. 直營專賣店
5. 大型體育用品公司

推廣策略

廣告策略

國際名牌均強烈地訴求廣告表現的特性，例如NIKE採用廣告明星麥可·喬登，CONVERSE採用魔術張森、拉瑞·柏德的大海報廣告，TIGER則運用一隻自己會在田徑跑道上飛馳的田徑鞋‥等。

促銷策略

舉辦或贊助與消費者直接接觸的各類型促銷活動。例如銳跑（Reebuk）即運用以下促銷活動，達到推廣成功的目標。

1. 邀請Reebuk專屬舞群來台演出。
2. 贊助1988年環球小姐選拔。
3. 贊助史蒂夫‧汪達（STIVE WONDER）、 梅艷芳演唱會及伍思凱、馬王芬全省大專院校巡迴演出。
4. 提供中華奧運代表隊全體職隊員運動裝備。
5. 贊助電視節目，如?百戰百勝?等。

公關活動

茲再以銳跑（Reebuk）為例，就維持立場形象而言，為嚴格要求世界統一形象及打擊仿冒、水貨等商業不法行為，並提供消費者最佳的品質保證，銳跑在台灣全省各個消費者購買地點，懸掛Reebuk原廠牌血統證明標誌牌，以示對消費者負責。

廣告媒體則以電視 ＣＦ、報紙（民生報）及專業體育雜誌為主。例如肯尼士（KENNEX）、耐吉（NIKE）、彪馬（PUMA）、TIGER、美津濃（MIZUNO）、將（JUMP）、宜加跑（JCASPORT）～等均採用以上三種主要廣告媒體。

個案四

國內冷氣機
市場行銷定位與市場戰略

前言

1. 冷氣機市場是明顯的行銷爭奪戰,而又是所有電器產品戰況最激烈的行銷商戰。
2. 產品特性、廣告、促銷,變化多端。
3. 國內冷氣機的製造、研發,堪稱達到世界水準,新機種的推出相當快。
4. 今年的企副型態有明顯的轉變——欲使冷氣機成為全年皆可行銷之產品,而不受淡季、旺季等季節性市場需求之影響。
5. 此個案的模擬對象為東芝,市場定位為市場挑戰者。
6. 廣告表現以模擬銷售期的表現策略為主(目前東芝尚未有任何動作)。
7. 所有的定位、分析、通路、策略皆以?東芝?的現有特性做銷售期間(五～七月)的預估與評價。

本案策略架構

市場競爭態勢
(Market Competitives Situation)

↓

市場優勢利基
(Market Strength Niche)

↓

行銷定位策略	
（Marketing Positioning Strategy）	
・目標市場	・市場區隔
・市場定位	・市場卡位作戰

行銷組合策略			
（Marketing Mix Strategies）			
商品策略	訂價策略	通路策略	推廣策略
・商品定位 ・商品生命週期 ・商品研究開發 ・商品企劃	・滲透訂價 ・吸脂訂價 ・價格加成	・經銷商 ・門市展售中心 ・百貨公司 ・特約服務店 ・量販店 ・水電行	・廣告策略 ・廣告表現 ・媒體戰略 ・SP促銷活動 ・賣場POP ・企劃與動線企劃

市場研究

市場現況分析

　　由於去年各家業者受到氣候影響及景氣不佳的雙重打擊，外加許多連鎖量販店大量進口各品牌冷氣機，以薄利多銷的價格策略大量促銷，並且在消費者儘量開源節流的心態下交易清淡，造成去年業績大幅滑落，也累積今年龐大庫存壓力，共約30萬台。

市場潛力分析

以現今市場趨勢,冷氣機實不能以「一戶一機」來計算普及率,而應以「一室一機」更符合現代生活標準,如此看來,目前冷氣機45.4%的每戶及率,仍有相當發展的市場空間。

市場主力分析

以七七~七九年度間可得知冷氣機市場主力在於窗型冷氣機,約佔87.5%~90%(目前仍以10000~12000 BTU為主力商品一,所以今年度也應當以窗型冷氣機為市場主力商品。

市場預測分析

1. 由於庫存壓力、經濟不景氣、量販店水貨與在量大價低的衝擊下,以往的「高利潤時代」已不復見,但冷氣機市場的潛力仍然很大,且每年都在成長,所以今年的促銷戰、廣告戰必然激烈,甚致會演變到價格戰。
2. 根據市場情報頭示,各家品牌預估今年市場實銷量約70萬台左右(日立預估65~70萬台,東元預估75萬台)。
3. 由於各家廠商均有龐大庫存壓力,故必然以庫存品打先鋒,反多半期望能在旺季中消除庫存。
4. 冷氣機一向是屬彊列季節性產品,但由今年年初上市期的動作可看得出,各大品牌的企劃定位,頗有使冷氣機成為

全年均可行銷的產品，其訴求重點為「數機一體之多功能，多享受」的商品定位，使冷氣機不受季節限制，以刺激消費者購買意願。

各品牌的庫存量

項目＼品牌	79年庫存數	項目＼品牌	79年庫存數
三　洋	20,000	金　星	5,000
日　立	4,000	國　際	20,00
中　興	10,0000	普　騰	4,500
西　屋	7,000	歌　林	30,000
東　元	20,000	聲　寶	10,000

各品牌的庫存量

型式＼年度	窗　冷	超薄直立式	分離式
七十七	90%	9.4%	0.05%
七十八	88.5%	10.4%	1.1%
七十九	87.5%	10.3%	2.2%

市場競爭態勢（分析競爭市場，確立競爭定位）

綜觀現今冷氣機市場，除了六大品牌之外，小牌林立，儼然戰國群雄之市場競爭態勢，各家皆有其競爭特色，尤其近一兩年，競爭差異性愈小。基本上仍能區隔為下列各種市場競爭角色：

1. 市場領導者：有長期更好的品牌形象、良好健全的通路、機型功能完備，如：東元、日立、歌林、國際、聲寶、大同。
2. 市場挑戰者：大致在功能、品牌、通路、價格上能兼有一、二種優勢者，對市場影響也不小，如:三洋、開利、普騰、中興、東芝等。
3. 市場追隨者：追隨者在冷氣機的功能上也不遜於領導者，但其一通路、資本、廣告策略及行銷能力鼓差，如：金星、新帝、新富、Jean西屋等。

然而，目標市場競爭者四處林立叩競爭因素又多，競爭差異性_也逐漸縮小。所以領導者、挑戰者、追隨者的距離也漸小。而全憑行銷戰略、通路、廣告與促銷活動的競爭。

4. 市場利基者：在市場差異性漸小，而市場利基也很難切入、但仍然要尋找競爭的優勢。
   (1)雖缺乏長期品牌形象，但仍設法尋找、塑造強有力的形象：塑造環保建康的氣氛，訴求安靜、乾淨、省電，以

環保健康的形象易與顧客產主共識，也易被顧客接受。

(2)今年產品革新部分：五種濾網、自動風向、壓縮機七年保證，此可切入廣告、行銷銷上的利基。

(3)改變銷售制度，促使產品在通路上佔得優勢。

(4)今年在上市期（3-4月）間，在廣告戰中掌握市場定泣與品牌印象上的區勢。

冷氣機實銷量與庫存量分析圖

品牌 ＼ 項目	七十九年實銷台數	七十九年庫存數
大　同	---	---
三　洋	66,000	20,000
日　立	120,000	4,000
中　興	18,000	10,000
西　屋	15,000	7,000
東　元	30,000	20,000
東芝旭光	---	---
金　星	6,000	5,000
國　際	20,000	20,000
富　帝	---	---
普　騰	15,000	4,500
歌　林	110,000	30,000
新　帝	6,000	---
聲　寶	80,000	10,000

註：大同、東芝、富帝、新帝婉拒透露，僅知大同實銷台數與庫存數約7.3
　　（分離式冷氣，亦括其中）

競爭策略企劃矩陣圖

SWOT	Strength 優勢	Weakness 劣勢	Opportunity 機會	Threat 威脅
企業分析	·上市期，廣告印象佔優勢 ·強調安靜、除塵、省電樹立「環保、健康」形象 ·產品革新：壓縮機七年保證、五重濾網	·競爭對手多，市場競爭激烈 ·未建立長機品牌的企業形象 ·尚有庫存的壓力	·在行銷通路戰略能有更高的滲透力 ·以品牌形象為主導的銷售，期望能有長期競爭的實力	·受到水貨及市場追隨者的壓力
競爭者分析	·新產品推廣快速 ·領導者的優勢在形象、促銷、通路、功能 ·追隨者的優勢在功能特性	·市場競爭劇烈 ·目前有龐大庫存壓力 ·高利潤已不再出現	·可望朝向全年可行銷的產品地位 ·期待房地產的熱絡再帶動買氣	·受到水貨威脅 ·分離式自製率低，多仰賴進口
產業分析	·國內冷氣製造、研發水準，堪稱世界第一 ·新機種推廣速度快 ·市場潛力相當大	·受到經濟不景氣影響及競爭激烈，高利潤時代已不再出現	·企劃趨勢朝向全年可行銷的產品地位 ·「數機一體」激發購買意願	·分離式冷氣機是未來行銷貨重點，而目前全是進口
顧客分析	·購買的選擇性高 ·功能特性上，能滿足顧客需求	·水貨充斥顧客易上當	·目前行銷中的贈品方式，使得顧客也有更多選擇機會 ·此也是一種變相降價的機會	·冷氣為售後服務商品，服務與維修保養實是顧客的心理威脅
環境分析	·現代化生活品質的提升，「一室一機」的未來趨勢	·目前經濟尚不景氣又影響買氣	·六年國建可帶動房地產，而房地產地熱絡可刺激冷氣市場	·季節因素、經濟因素仍是一大威脅因素

市場定位

　　目前市場因競爭激烈，而在行銷通路、促銷、功能等的差異性愈來愈小，主要競爭的行銷戰場大都在廣告、通路、促銷活動，由於行銷通給的經銷網均相似，廣告與促銷策略也相近，所以主要差異性著重在功能特性上的訴求，以及產品品牌形象上的定位。

產品形象

　　一般在市場的領導者，皆有長期而更好的品牌形象，因而有明顯的影象定位，例如普騰以國人自行研發並結合高科技的形象；已之以空調先驅的形象等。

功能特性

　　如圖所示，各品牌產品皆有其特殊定位的商品性能
　　今年各品牌產品的革新部份如下：
　　大同：全機種無線遙控。
　　三洋：有無線遙控，上有ＩＣ感溫裝置。
　　中興：附彈性安裝架，適應不同環境。
　　西屋：電腦觸控，14小時預定開關，微電腦控溫。
　　東元：風道流線化設計，下吹式三機一體無線遙控。
　　東芝：五種濾網，自動風向、壓縮機七年保證。

各品牌主力產品簡介

項目 品牌	功能	冷氣能力 （Kcal/hr）	EER （Kcal/hrw）	適用 面積	議建 售價
大　同	冷氣、除濕（無遙控）、除塵、定時、無線遙控、側吹式	2500	2.18	5~7	22,000~24,000
三　洋	二機一體、線控、側吹式	2500	2.23	5~8	23,205
日　立	二機一體，定時除塵、微電腦有／無線遙控	2500	2.12	5~7	24,843
中　興	二機一體、無線遙控、下吹式、定時除塵	2500	2.2	5~7	25,500
西　屋	14小時預約開機、定時關機、除塵、上吹式	2250	2.17	5~7	20,000
東　元	二機一體、無線遙控、定時、除塵、換氣、下吹式	2500	2.5	6~7	24,700
東芝旭光	省電定時、除塵、上吹式	2000	2.27	4~6	19,900
金　星	二機一體、12小時定時、上吹式、有線遙控	2125	2.25	4~6	19,900
國　際	二機一體、側吹、無線遙控、除塵	2500	2.2	5~7	26,600
富　帝	綠色省電、除塵	2596	3.02	5~8	27,570
普　騰	三機一體、除塵、下吹式、無線遙控	2500	2.82	5~7	37,500
歌　林	線控、除塵、側吹式	2500	2.2	5~7	24,000
新　帝	三機一體、線控、12小時定時、除塵換氣、下吹式	2500	2.4	6~7	29,250
聲　寶	二機一體、線控、預約開關、除塵、側吹式、速麗安裝板	2500	2.12	5~7	26,500

資料來源：由廠商提供，突破雜誌彙總

金星：自然涼風，自動風向。

國際：窗型分離式機種，三速超靜音馬達。

普騰：壁畫面板、電話控制預約開機。

歌林：不漏水、不生鏽、無線遙控自動感應室溫。

聲寶：吸塵電板。

綜觀以上的功能特性，可得知各家品牌皆有各自的特色，所以在功能競爭上也相當激烈，無法有明顯的差異。

企業定位

由於功能上與各家廠商品牌有部分相以功能的重疊,故在功能競爭。上相當吃力，而在形象區隔也無長期性的定位。

1. 在今年年初特以塑造保健康 的安靜除塵、省電爲形象及功能的訴求，以符合現代人所關心的環保問題，使得在產品形象上更提升一層。
2. 在今年市場趨勢以安靜、除塵爲最主要的訴求，而年初上市期的「伊能靜」推薦匿告，巧妙運用廣告連想，達到強烈的功能表達及市場印象。
3. 另外在今年改革產品中的五重濾綱、自動風向、壓縮機保用七年，都是值得做商品定位的訴求。

市場區隔

1. 以市場區隔來看，最明顯的區隔，在於購買型態上，由次頁百分比的增減上，市場再增購的成長相當大，而預期其市場潛力仍有很好的發展空間。
2. 在顧客購買的區隔有如下區別：

(1)購買者所得約在25000以上,年齡約25-35歲間多為新購
　　者。

(2)而再增購者,除了所得以外,其考慮因素為住屋房數的
　　多寡,所得約在35000以上,年齡約35以上,房數在一廳
　　三房以上為最多。

(3)一般購買者,購買前對產品的特性皆有相當了解,所以
　　購買的滿意程度普通更好,對價格也大多能接受。

消費購買型態圖

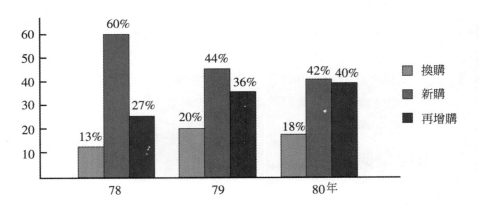

註:資料由廠商提供、突破雜誌彙整。

目標市場

長期目標市場

在整個市場競爭態勢，東芝定位為市場挑戰者。其長期目標是期望能擺脫其他挑戰者的纏鬥，而能躋入市場領導者的勢力範圍。再者，長期目標是建立良好品牌形象，同時也以冷氣機的產品形象帶動其他家電產品。

短期目標市場

將今年行銷目標定為12000台，以去年度領導者的平均行銷台數為目標，並在旺季期間消除庫存壓力，使明年度新機種產品能有強勢的市場攻擊戰略。

通路目標市場

已善現有的行銷通路，並以新的行銷通路攻佔其他廠牌的市場。同時重視大都會以外的城鎮市場。

研發目標

目前分離式冷氣機漸受重視，為明日市場的主力商品，東芝計劃在明年年初引進分離式冷氣機，以角逐龐大的市場。

產品策略

產品生命週期

1. 由於冷氣機開發速度相當快，而新機種幾乎每年都推出，故冷氣機行銷的生命週期約一年至一年半左右。
2. 在整年度行銷活動中，依季節的變化而有明顯的變動。一般而言，每年3-4月為上市期，即做暖身運動，而在成長期（5-7月）為競爭白熱化的促銷戰。

產品研究開發

目前各大廠商，皆以分離式冷氣機為行銷作戰的主力商品，但目前分離式冷氣皆以進口為主，而積極研究開發以提高自製率是國內各廠牌今後的重要課題。

產品定位及產品策略

定位上
1. 商品定位：目前市場仍以窗型冷氣為主力商品。
2. 功能定位：在塑造「環保、健康」的氣氛中強調安靜、除塵及省電為主要訴求點。
3. 形象定位：以建立長期良好品牌形象及品質提升為目標。

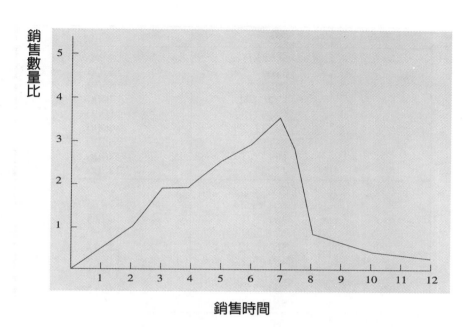

銷售時間

策略上

1. 在廣告的塑造下，以短時間建立品牌知名度，並加強市場上的品牌印象，與加強經銷商業產品的信心。

2. 行銷目標主要為提高市場行銷量，除了提高市場佔有率以確立品牌形象外，並降低庫存量，使明年新機種能順利行銷市場，此時行銷利潤並非主要的追求目標。

3. 在業績考核制度與提高獎金制度之下，必須鞏固行銷通路並打擊其他品牌的正常行銷通路。

4. 以冷氣機品牌形象帶動其他的家電產品。

品牌	機種	TOTAL
	三洋SH-	
	F161	23700
	F201C	25500
	132CLH	27000
	121TU	21000
	131TL	24000
	131D	26500
	151TL	27000
	212TL	27500
國際	GW-	
	161VD1	31815
	251CD1	40215
	321CD1	39690
	361HD2	42945
	451CDL2	51135
	561CD2	59595
	561CD2	54915
	561HD2	57855
聲寶	AT-	
	116EXL	26000
	116EVL	28100
	125EM	28700
	AW-	
	120ECL	27000
	236ECL	34800
	116EM	22000
	220EM	23000
	232EM	29000
歌林	KD-	
	1001F	21000
	1101F	21500
	1301F	24000
	1802F	29000
	2202F	32500
	1301SR	27000
	1301D	26000
	1101G	28000
	13010	27000

品牌	機種	TOTAL
東元	MK-	
	0721AT	24200
	1052AX	29000
	MW-	
	1502BST	27700
	1503ASM	24100
	1055BLM	25100
	1831BLM	30900
	1656ALX	27100
	2041BF	31000
大同	TW-	
	918GI	30000
	918C	28000
	1018GT	33000
	1028YHS	38500
	1628D	45500
西屋	AL-	
	099L1	26000
	A3-	
	149L13	1000
	189L23	7000
	246L24	2000
	286L24	8500
日立	RA-	
	2006AL	19500
	2506AL	23300
	2506BL	23500
	3260AL	25200
	3606BL	27000
	4506BL	31000
	5606BX	34000
	7106BX	41000
東芝	RCA-	
	165G	27500
	225RG	28800
	22B	22500
	25BMD	27500
	45B	22500

訂價策略

在去年庫存壓力及今年不景氣下,價格的上升可能性極低,但各家品牌不到最後關頭是不可能降價,因顧及利潤及形象,所以變相降價:附送贈品,應該是在市場競爭激烈中最能發揮行銷戰力的法寶。

通路策略

由圖中可知一般消費者購買冷氣機之通路,主要以經銷商(45.5%)、各牌服務店(35.4%)所店的比例最高。特別值得注意的是展售中心及特賣會,對業績有相當助益。而一般廠商無論大小皆對量販店之通路不感興趣。

通路調整

以往是依循照明器材通路舖貨,但成績不理想。為了加強新加入經銷商的信心,除了在廣告促銷上要多費心思外,大幅調整通路也是亟待努力的重點,至於創立直接由公司批貨制度,嚴防大盤擾亂市場秩序及設立嚴格查槓制度,以防競爭者滲透,更無庸贅言。由於目前通路是新設立,故應提高銷售獎金,以刺激業績上升,並足鞏固通路據點,提升品牌形象。

一般消費者購買冷氣之途徑

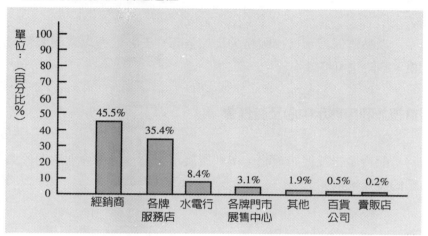

註：資料由廠商提供、突破雜誌彙整。

攻擊戰略

　　對於非專賣店的經銷商所採取的戰略：以提高銷售獎額，特別針對市場定位相似的品牌攻掠，並限於在旺季之前，配合即期切貨，預先商定貨不換、不退的措施，而促使訂貨的經銷商背水一戰非要出清存貨不可，而稍緩行銷其他品牌，使得其他品牌無法在旺季期間維持正常銷售。

重視城鎮行銷通路

　　由於大都會是眾廠商肉搏戰之地，而其他城鎮的市場競爭壓力較小，故城鎮行銷通路，也不可不加以重視。

遏止水貨的侵入

　　以品質保證、售後服務，及加強旺季安裝能力以鞏固服務形象，同時也可打擊水貨。

重視並利用展示中心及特賣會

　　配合廣告及促銷策略，多利用展示中心及特賣會則有助於業績的提升。

推廣策略

　　近年來各家品牌在提廣策略上多以廣告及贈品做為行銷的主力。

廣告策略

1.建立品牌形象及確立市場定位。
2.配合產品行銷策略，以創意而令人有深刻印象的廣告表現強攻市場，以期望在短期內提升銷售量，並為未來新機型做舖路。
3.加強新通路的經銷商對商品行銷的信心與支持。
4.以冷氣廣告的形象帶動提升其他家電的品質形象。

項目　品牌	廣告預算	贈品	通路規模
大同	目標營業額的1%	空氣濾淨機	500 家專售　26個直銷站
三洋	1億2千萬	立扇、咖啡壺、雙層烤箱3選1	1000餘個經銷點、其中880家為密切連繫
日立	視情況增刪	山葉電子琴、野餐桌椅、鈦金刮鬍刀、象印電熱水瓶4選1	900家，其中1／2專售
中興	1千萬	電風扇	加盟店300家、經銷商200家
西屋	1千萬	Cross金筆	250家
東元	---	健身車、羽毛被、10人電子鍋3選1	600家
東芝旭光	3千萬	冷煤冰櫃、照明音響2選1	400餘家
金星	1千萬	Cross金筆	250~300家（與西屋部份重疊）
國際	視情況增刪	蒸氣燙髮組、高級收錄音機、青花瓷餐具3選1	1000餘家
富帝	---	Sony收錄音機	400家經銷商4個分公司
普騰	4千萬	時鐘收音機	300家
歌林	8千萬	母子鍋、護眼燈、熱水瓶3選1	700餘家
新帝	---	Sony收錄音機	同富帝
聲寶	4千萬	景德鎮米粒燒、鍋寶、Casio電子琴、萬用烤箱4選1	700餘家，85家直營店

廣告目標

1.在上市期（3-4月）提高產品認知率達到50_60%
2.在成長期（5-7期）增加產品認知率達到80％。

廣告表現：（上市期）

在上市期（3-4月）的年初商戰中，各家品牌大都採取感性訴求爲主，但在實戰成長期（5-7月）各品牌則以密集式功能訴求廣告爲主。

目前之市場競爭態勢在上市期以「伊能靜」的廣告連想效果在市場上頗具有既強烈又震撼的品牌定位，此創意廣告奠定了首戰成功的良好基礎。

廣告媒體的選擇

目的：利用傳播滲透力較快及接觸率較高的媒體，儘量在短時間內達到傳播的效果。

媒體的選擇：

· 電視CF（20"與10"）：傳播力高且迅速。
· 報紙NP（全十，半十）：文案作理性訴求，輔助TV
· 雜誌MG（菊八）。
· 店頭廣告及展示中心的POP，增加現場銷售之商品形象（Commodity Image）。

一般消費者認知冷氣機之途徑

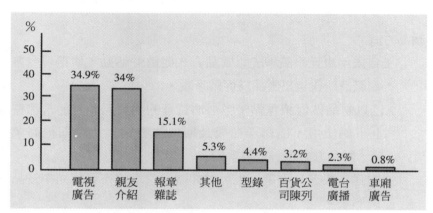

註：資料由廠商提供、突破雜誌彙整。

成長期的廣告表現：（5-7月）

C F

　　1.「伊能靜推薦」篇（20”）持續市場上的品牌印象。

　　2.「健康、環保形象」篇（10”）健康、環保來說明產品功能
　　　及待性。

平面稿

　　1.GA7GH：「伊」能靜（淨）

　　　省電

　　　強冷

　　2.GATCH：維護居家環保，東芝不遺餘力。

　　　SUB：東芝的品質，勝過一切的承諾。

SP企劃創意

贈品方式

1. 自去年東元冷氣率先以贈品方式促銷SP活動，使得現今各家廠商紛紛也以贈品為促銷手段。

2. 乙以贈品做促銷重點，吸引消費音的購買意願，通常都在上市朗使用，但為了在成長期做強勢銷售及短期提高業績，贈品方式是一重要手段。

3. 贈送（東芝）家電，也可增如贈送家電的市場認知率及品牌形象。

4. 贈送方法：

    (1)冷媒冰櫃，照明設備2選1，早買早送，送完為止。

    (2)贈送名額，依成本考慮因素，限定名額。

    (3)贈送時間為期一個月。

展示中心及特賣會

原因：自辦展示中心及特賣會，以積極、新穎的手法，提高業績。

方法：尋找多人潮、多定點，以3-5天的短期展示、特賣行動，並附贈小紀念品，或優惠價回餽行動等。同時，並舉辦冷氣機「汰舊換新活動」。

公關活動

1. 利用媒體報導

    如專業性雜誌、工商時報、經濟日報等對產品做深入之專欄報導。

2. 經銷商及展示中心的公關活動

在各店頭廣告的POP招牌、陳列，以及展售人員的服務態度上加以整體規劃，以提升產品形象及CIS（企業識別體系）。

廣告與促銷預算

在實戰銷售期間（5_7月）

廣告媒體預算：800_1000萬元

促銷贈品預算：300萬元

特賣會預算：100萬元

公關用預算：50萬元

行銷定位與市場戰略

修改時間：

1.在短期方面：於實戰銷售期間，每星期做一次銷售戰力與銷售業績調查，而每個月皆做評估及修正行銷策略的缺失。

2.在長期方面：收集並評估市場調查資料，在實戰銷售期結束後，立即做行銷策略的全盤檢討，以做為擬訂明年度行銷策略的參考。

個案五

國內碳酸飲料
市場銷定位與市場戰略

前言

　　我國飲料業、肇始於白汽水的生產。民國14年，市面上首先由進馨商會，以「富士牌」、「三矢牌」等品牌推出白汽水，民國39年，黑松公司率先推出口味特殊的沙士，民國57年，「可口可樂」及「百事可樂」兩大世界品牌相繼引進國內市場。自此，汽水、沙士、可樂即成三足鼎立局面，並互相競爭激烈。同時，透過大眾傳播媒體之宣傳效果，使得飲料產品在消費者心目中，佔有一席之地。

　　黑松汽水雖位居白汽水的領導地位，卻也面臨難以突破的瓶頸——形象老化，較難吸引新的消費群。

　　唯有藉由新的商品定位，及有效的廣告策略，積極改變消費者的品牌偏好，始能在年輕的消費群中，建立新的形象，增加其市場佔有率，以維持黑松汽水在碳酸飲料中龍頭老大之地位。

　　預計八十年度（80年1月-80年12月）之銷售總額為新台幣18億元，居白汽水市場佔有率之70%。

本案策略架構

市場競爭態勢 （Market Competitive Situation）

↓

市場利基空間 （Market Niche Space）	

市場卡位戰略 （Market Rollout Strategy）	
大魚吃小魚市場戰略	小魚吃大魚市場戰略
・鯨吞市場戰略（由蠶食 　市場至席捲掠奪市場） ・追擊市場空隙戰略 ・目標攻擊戰略	・差異化市場戰略 ・游擊戰市場戰略 　（Hit-And-Run） ・否定市場優勢戰略

行銷定位策略 （Marketing Positioning Strategy）
・商品定位（Product Positioning） ・市場定位（Market Positioning） ・市場再定位（Market Re-Positioning）

目標市場 （Target Market）
・市場區隔定位（Market Segment Positioning） ・市場優勢、劣勢、機會與威脅（SWOT Analysis）

整體行銷策略 （Total Marketing Strategies）			
商品策略 ・商品定位 ・商品生命 　週期 ・商品企劃	訂價策略 ・滲透訂價 ・平價策略 （中品質低價 格）	通路策略 ・經銷商系統 （建立與輔導） ・零售系統 （小賣點鋪貨）	推廣策略 ・人員實戰 推銷 ・廣告策略 ・煤體戰略 ・促銷活動 ・公關活動

市場競爭態勢

市場規模

　　台灣屬亞熱帶氣候，經年炎熱，飲料的消費量大，到了夏天，需求量更是直線上升。以民國79年為例，雖然國內景氣衰退，飲料的銷售的金額仍維持百分之十四的成長率，銷售總額達新台幣二七六億五千餘元。其中碳酸飲料一〇七億元，成長百分之十五，在國內市場仍然居於領先地位並維持穩定成長。

　　根據市場情報顯示，今年（80年）國內飲料消費成長率可成長百分之二十左右。且無論場如何演變，未來飲料之銷路，仍會保持穩定成長。

市場分析：SOWT戰略分析

SWOT	企業分析	產業分析
Strength 優勢	·黑松公司為本土化之公司，具60年歷史受國人之認同 ·通路廣，無論山上、海邊皆可見到黑松汽水	·景氣好轉 ·中東戰爭後，中東油田燃燒不停，所導致的溫室效應，使飲料市場有較大的成長 ·依據經濟部統計處之「中華民國、台灣地區工業生產統計月報」顯示，78 年飲料總銷售值約 265億元，碳酸飲料88.5億元，佔32%，仍居首位
Weakness 劣勢	·產品形象較保守 ·過於依賴傳統通路，新通路如速食店、便利商店之現飲機及自動販賣機等之爭取較晚 ·在30歲以上及10歲以下的市場，較其他品牌穩固，而在10~30歲之年輕人市場則太弱，隨時間之演進，將會使現有市場向高齡化市場萎縮之可能	·以日本飲料市場之結構趨勢，作為我國市場之參考依據，碳酸飲料在日本已呈現下降趨勢
Opportunity 機會	·黑松公司歷史悠久，資源較充裕 ·罐裝白汽水之成長量快，是消費市場年輕化的好時機 ·藉由重新定位、配合有效的廣告策略，導入新的年輕的消費群	·汽水類之銷售值隨氣溫之升高、降雨天數之減少，會呈現比例增加之趨勢
Threat 威脅	·碳酸飲料彼此間的代替性很高 ·隨著西化程度日高，可樂市場的威脅日深 ·可樂已成為碳酸飲料市場之主力，直接侵占及威脅到其他碳酸飲料之市場	·果蔬汁、嗜好性飲料、運動飲料、礦泉水、功能性飲料占有市場58%，對碳酸類之威脅甚大

競爭者分析

碳酸飲料含白汽水、沙士、可樂及加味汽水，茲分析如下：

種　　類	市場領導者		市場挑戰者		市場追隨者
	品牌	定位	品牌	定位	
白汽水	黑松	化去心中那條線	雪碧	歡樂	雙喜、七喜
沙士	黑松	年輕不能平凡	麥根	健康	白梅
可樂	可口可樂	歡樂	百事可樂	追隨可口可樂	黑松、RC可樂
加味汽水	蘋果西打	調酒用	芬達	歡樂	吉利果、華年達

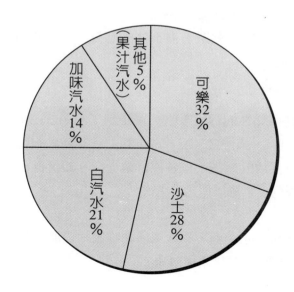

主要競爭者分析

將黑松汽水的主要競爭者，界定爲可口可樂，理由有二：

1. 年輕市場是飲料市場極的一群，在目標市場中，可口可樂的主要消費者是年輕的消費者，而年輕市場正是黑松汽水較弱的一環。
2. 在品牌知名度方面，黑松汽水爲白汽水之領導者，可口可樂爲可樂的領導者，而且可口可樂之成長快速，給予黑松汽水極大的威脅。

基於以上兩點理由，將可口可樂界定爲黑松汽水之主要競爭者。

可口可樂之行銷策略

1. 目標市場：15-28歲之年輕人。
2. 定位：年輕、歡樂、擋不住的感覺。You Can't Beat the Feeling
3. 行銷組合：

配合其全球性的行銷策略：買得到（Availability）、買得起（Affordibility）、樂得買（Acceptability），其最大的競爭優勢爲可口可樂乃世界級的產品，在各種行銷支援，如廣告、促銷等均非常強，是國內企業難以相比之處。

1. 產品
   (1) 成份：水、糖、碳酸氣、咖啡因、磷酸，獨家配方並增加健怡、櫻桃兩種口味。

(2)包裝：易開罐355cc、寶特瓶1250cc及2000cc兩種

2.價格

易開罐355cc15元

寶特瓶1250cc29_30元

寶特瓶2000cc40_42元

3.通路分析：可口可樂採直營直銷制度

| 營業所 | → | 零售點 | → | 消費者 |

由營業所（15個），至數百個直銷點，由業務人員負責，共約有七萬餘個零售

點，含超市、超商、雜貨店、速食店、自動販賣機、現飲機等。

業務員除了至店家推銷、送貨外，並協助店家做更好的貨品陳列、計算安全存量、及如何訂貨等。

4.推廣

(1)廣告：

a.配合全球可口可樂主題——：You can't beat the feeling.

b.配合便利商店、速食店之促銷廣告等活動。

(2)促銷：a.現金拉環。

(3)公開：

a.贊助音樂活動！青春之星。

b.體育活動。

c.配合公益活動。

可口可樂之優勢

1. 為國際性產品，採全球性策略，行銷策略執行一致性高。
2. 產品形象明確，青春歡樂，表現年輕人的朝氣。
3. 強大的廣告量與各式之促銷活動。
4. 與新通路結合，如便利商店、速食店。

可口可樂之劣勢

1. 可樂普遍被消費者認為含有咖啡因，有害健康。
2. 可口可樂市場集中於北部及都市，市場仍無法深入鄉村及城鎮等地區性市場。
3. 在婚喪喜慶之餐飲市場中，可口可樂不易切入。

市場機會點

1. 仍有匡大之市場待開發。
2. 由於國人西化程度之提高，接受可樂之程度亦日益提高。

商品定位

黑松公司具有悠久的歷史，黑松汽水在消費者之心目中，一直是區長的產品，在市場上的形象，更是值得信賴的代名詞。

通路廣，接論山上、海邊，都可見到其產品，這更是黑松汽水具備之特殊優勢。

現今罵增加其在碳酸飲料市場之佔有率，重訴將商品定位為具備年輕色彩的產品，夾帶通路廣之特殊優勢、達到增加市場佔有率之目的，以維持其在飲料市場扮演龍頭老大的領導地位。

目標市場

以15-25歲之青年男女為目標訴求對象。

1.心理特徵：重感情、年輕、活潑、熱情有朝氣、充滿信心、積極樂觀、重視人際關係、具幽默感、關心未來。

2.行為特徵：

(1)重視休閒，喜歡閱讀，吸收國內外資訊，重視生存環境與生活品質。

(2)過團體生活、樂於參加團體活動。

(3)喜歡活潑明朗的色彩。

(4)追求成就感的滿足。

(5)希望受到注意及關懷。

3.媒體接觸：

主動接觸各種媒體，吸收薪知，以電視、報紙、雜誌為主。

市場區隔

1.年齡： 15-25歲之青年男女。

2.區域：都會區。

3.職業：學生、年輕上班族。

4.婚姻：未婚為主。

5.生活型態：輕鬆、喜愛休閒活動、旅遊、重視生活品味與

個性化之消資需求。
6.所得：月薪15000～25000元（新台幣）
7.購買力：可支配所得5000～8000元

行銷組合策略

產品策略

1.產品生命週期

　　白汽水市場已被其他軟性飲料逐漸瓜分，汽水已步入成熟期，目前唯有定位產品之差異化，提高汽水之附加價值，以期在新的年輕消費群中，獲得青睞。茲以產品生命週期圖表示之。

2.產品開發

　　1.潛在市場，年輕的消費層，是黑松汽水的潛在市場。

　　2.有效市場，消者購買飲料的時機，以到零售店現場才決定的情形最多，年齡愈輕的消費者，比例愈高，故黑松汽水仍具備有效市場之條件。

　　3.為提高黑松汽水之附加價值，將其重新定位於「年輕的綠色飲料」，結合年輕的目標消費群，與目前環保主張的綠色行銷，以及黑松汽水本身之產品包裝，延伸至廣告表現及產品新形象。

產品生命週期圖

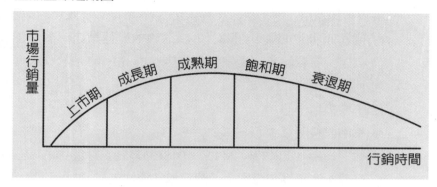

訂價策略

1.訂價目的：增加市場佔有率。

2.採取之訂價策略：滲透訂價策略，增加市場佔有率，普及
市場，暫且不以賺錢為目的。

3.價格：

成分	水、糖、碳酸氣、香料、檸檬酸		
包裝	易開罐	寶特瓶	寶特瓶
容量	355CC	1250CC	2000CC
價格	15元	28元	40元

通路策略

1.經銷制度

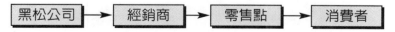

2.零售系統通路

(1)便利商店：如統一超商（7-ELEVEN）連鎖店、味全加
盟店、安賓超商、全家便利商店（Family Mart）、OK便
利商店。

(2)學校福利中心

(3)車站飲料販賣中心

(4)休閒場所（如KTV、MTV、DISCO無廳、休閒中心、三
溫暖、遊樂場、電影院、圖書館、游泳池）

(5)雜貨店（平價商品、青年商店、一般雜貨店）

(6)超市（各大百貨公司附設之超級市場及獨立市場）

(7)自動販賣機

推廣策略

人員實戰推銷

維擊舊店家，並配合各式新型商店之設立，除提供訂貨、送
貨、鋪貨之服務外，並提供各商店經營者與商店經營之Know-
How，如：管理、會計、行銷活動、促銷策略、賣場動線規劃、
商品陳列等之服務。

經銷商之建立與輔導

提供各經銷商業務人員之教育訓練，配合黑松公司人員實戰
推銷，促使各零售點對黑松產品提高信賴感。

廣告策略

1.廣告目標：

提高黑松汽水在年輕消費群之產品認知率達到65%。

2.廣告表現：

電視CF

融合「年輕的綠色飲料」結合環保與生存環境製作CF以年
輕人之活力、配合致力環保之工作。

平面稿：

(1)促銷篇：

配合促銷活動告知消費者。

(2)形象篇：

強調「綠」、「年輕」。

3.廣告媒體

(1)電視

a.電視媒體是最佳的選擇，在視覺、聽覺方面均有良好
的效果，達到將訊息傳達至目標市場之目的。

b.時段選擇：

・第一選擇：

星期一～星期五之八點檔連續劇。

晚間9：30後之新聞節目與影集。

・第二選擇：

星期六、日晚間 8:00~12:00之綜藝節目、影集、新聞
報導。

・第三選擇：

PM6：00~7:00之娛樂性節目。

如：連環泡、強棒出擊。

(2)報紙：

　a.在促銷時，輔助電視媒體，告知消費者。

　b.時間為6月初至9月底。

　c.報紙選擇：半十批，彩色。

　以民生報為主，因為其為消費、休閒、流行之訴求。

　聯合報、中國時報為輔（因其發行量大，普及率高）。

(3)雜誌：

　a.以提高產品形象知名度為主。

　b.時間集中於旺季。

　c.以商業雜誌為主（年輕上班族、天下、突破、管理、統領、日本文搞、錢雜誌）。

　輔以專業雜誌（汽車、休閒、女性雜誌）。

(4)廣播：

　以中、西流行歌曲節目為主，如ICRT時段以凌晨0:00~2:00為主。

中廣流行網以晚間8:00~12:OO為主。

在促銷時間、配合促銷活動。

(5)車廂外：促銷期間，以行駛台北市忠孝東路及中華路之公車為主要廣告媒體。

春節喜慶時（12~2月），提醒消費者愛用黑松汽水。

促銷束略

1.大型促銷活動

(1)「喝汽水、做環保」

　　由黑松公司主動回收鋁罐、寶特瓶，將回收之費用直接
　　支付於環境保護單位，作為環保基金。（非付與消費者）
(2)結合義賣、舉辦大型演唱會。
　　「關懷生存環境、年輕人大集合」
　　將門票及義賣收入，悉數捐贈環保基金，以此兩種促銷
　　方式，達到黑松汽水新形象之塑造，並與社會結合、提
　　升品牌形象與企業形象。
　　　‧費用視執行成果而定，預估寫二百萬元。
2.小型促銷活動：
　(1)消費者拉環贈獎：估計費用 8 萬元。
　(2)整箱刮刮看：估計費用 100 萬元
　　　總計促銷費用約為新台幣 350 萬元。

公開活動

　　公關活動，仍結合年輕化與環保主張，回鎮社會。
1.在產業方面
　　加入產業同業公會，並作好環保之表率。
2.在消費者方面：
　　提供消費者環保薪觀念。
3.在政府機構方面：
　　配合環保署的各項環保工作，並資助共襄盛舉。
4.在社會方面：
　　回鎖社會、積極參與認養行道樹、公園、地下道等社會公
　　益活動。

廣告預算編列

預算分配：

煤體種類／金額	占年度預算比	金額（萬元）
電視	70%	2,100
雜誌	12%	360
報紙	10%	300
廣播	6%	180
車廂外	2%	60
合計	100%	3,000

年度分配（80年）

月份 ＼ 煤體種類	1	2	3	4	5	6	7	8	9	10	11	12	合計
電視	50	100	150	250	300	400	350	300	200				2,100
雜誌	40					100	120	100					360
報紙	30	40				60	80	70				20	300
廣播	20	30	30	50	40	10							180
車廂外		10		20	20	10							60
合計	150	170		150	250	490	670	580	300	200		40	3,000
比例	5%	5.7%		5%	8.3%	16.3%	22.3%	19.3%	10%	1.4%	1.4%		100%

註：夏為旺故廣告量集中於6~9月份。

　　2月份為春節、喜慶宴會集中於此期間，為次要廣告時段。（1~2月）

廣告媒體年度預算分配圖

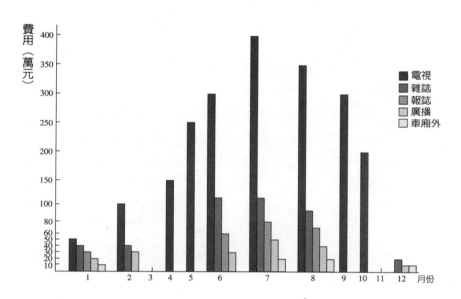

全年度行銷費用預估

人員實戰推銷

Sales教育訓練費……………三〇〇萬

促銷費用…………………三五〇萬

廣告費用…………………三、〇〇〇萬

預備金……………………一五〇萬

共計………………………三、八〇〇萬

全年度行銷費用預估為新台幣三、八〇〇萬元，佔八〇年全年行銷總額十八億元之二‧一％。

行銷定位與市場戰略修改時間

1.執行時間

　80年1月1日~80年12月31日

2.修改時間

　淡季1~4月修改一次（視需要而定）暫訂3月1日。

　10~12月修改一次，暫訂於10月16日。

　旺季5~9月每月視市場變化及營業狀況修改一次，訂為每月
　之月底。

國內隨身化妝飾品市場行銷定位與市場戰略

前言

　　台灣化妝品市場已趨向市場成長期之後半期，快接近成熟期，但尚未達到飽和期。因此，化妝飾品尚有極大之市場空隙與切入市場的利基。

　　在整體行銷戰中，商品所要掌握的優勢，即「商品定位」。因此，本組化妝飾品之商品定位為「隨身化妝組合之第二種選擇」。此種商品定位策略，不但可否定原有化妝品之市場競爭態勢，而且能創造出「非化妝品」的另一種市場空間，完全掌握市場切入之機會點與競爭優勢。

本案策略架構

市場競爭態勢
（Market Competitive Situation）

↓

市場卡位戰略
（Market Rollout Strategy）

↓

行銷定位策略
（Marketing Positioning Strategy）

・商品定位（Product Positioning）
・市場定位（Market Positioning）
・市場再定位（Market Re-Positioning）

↓

市場競爭態勢

　　目前台灣化妝品市場呈現群雌爭霸之局面，除了高價位之進口品牌（C.D.、LANCOME、Y.S.L）外，以國產品為例，資生堂及蜜絲佛陀兩品牌市場佔有率達60％，佳麗寶、美爽爽、奇士美等品牌亦各佔有一席之地，約計市場佔有率達33％。其餘如高絲、詩芙儂、雅芳等則努力地在市場追隨者之定位中力爭上游；

其中資生堂的顧客群主要訴求在中年婦女及淑女，蜜絲佛陀由於廣告形象的表現，予人一種西化的美感，奇士美是口紅的代言人，美爽爽走高雅清新的路線並在保養系列上下了相當深的功夫，佳麗寶近年來則以輕便、多色彩的少女彩妝組合再創業績的高峰，茲以圖表分析如下：

表一　各廠牌化妝品市場佔有率

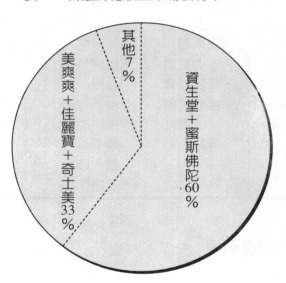

其他7%

美爽爽＋佳麗寶＋奇士美33%

資生堂＋蜜斯佛陀60%

表二　各廠牌化妝品商品差異比較

廠　　牌	商品特性（商品定位）
資生堂	強調保養、化妝並重。主要客層訴求為中年女性與年輕淑女、穩健式經營作風
蜜斯佛陀	以游擊戰方式挑戰資生堂，曾推出無香精保養及少女口紅，西洋味濃厚
佳麗寶	以「輕、薄、短、小」組合式產品，居少女系列之市場領導者地位
美爽爽	首倡植物性保養系列，執天然保養品之牛耳
奇士美	以口紅聞名，其餘產品對市場尚未具威脅作用

鎖定目標市場

目標市場

1.中收入之上班族女性
2.中學、大專女學生

市場區隔

1.年齡：14~30歲
2.性別：女性
3.所得：15,000~30,000元／月
　（註：女學生零用金2,000元／月以上）

4.消費習性：價廉物美、精緻包裝、攜帶方便

5.生活型態：追求時髦、多變化流行、個性、品味

6.區域：台北、台中、高雄都會區（初期宣傳活動與促銷策略以台北為主）

目標市場消費行為研究

中收入之上班族女性

此消費階層之女性因工作較單調，有較多的時間逛街、尋找新鮮事物，對新品牌、新產品接受程度較高，同時因收入有限，雖然講求品味，卻沒有太高的品牌忠誠度，常以新鮮流行取代品質所帶來的滿足感，是新產品切入市場的極佳機會點。

中學、大專女學生

此消費階層之女學生尚停留在幻想階段，最令其憧憬的不外是舞會、約會等活動，她們希望自己在群眾中顯得耀眼，但又擔心被認為做了過多修飾，故名牌化妝品不見得為其鍾愛，有時候化妝品本身並不吸引她們，真正引起她們注意的是化妝品的包裝及伴隨產品廣告所帶來的個性化象徵。

市場需求預測

國內化妝品的潛在市場總值預估超過百億臺幣，目前銷售值約達六十億元，故開拓新市場之前景相當看好，而且現狀市場中進口和零星小品牌約佔10%的市場，其餘則為前述五大品牌（依

次為資生堂、密斯佛陀、佳麗寶、美爽爽、奇士美）所霸佔，從前文「市場競爭態勢」對各廠牌產品、客層分析中不難發現，真正對少淑女推出系列產品的僅蜜斯佛陀、佳麗寶，而依目前社會現象不難察覺，使用化妝品及對化妝品有需求的年齡層正逐漸下降，再加上她們仗著年輕，不注重保養，對品牌（代表某種程的品質保證）沒有太根深柢固的依賴性，故如商品與市場定位正確、推廣適切，則市場潛力無窮。

Ｓ・Ｗ・Ｏ・Ｔ戰略分析

Ｓ（優勢STRENGTH）

　　1.以否定化妝品市場競爭態勢之策略，重新定位商優勢。

　　2.目標市場之競爭者只有佳麗寶，產品在設計上要求更加短、小、輕、薄，以奪取市場領導者的地位。

　　3.以市場卡位與市場再定位優勢，掌握切入市場的利基。

Ｗ（劣勢WEAKNESS）：

　　本產品雖然較輕巧，但終不如佳麗寶磁盤式方便，且產品在文宣上雖否定市場然而其在製造與使用功能仍然與化妝品無異，一不小心便可能扯到自己後腿。（對策：加強產品研究開發）

Ｏ（機會OPPORTUNITY）：

　　主張女學生亦可以淡妝、開創新市場，一旦成功，產品生存與發展的市場空間極大。

T（威脅ＴＨＲＥＡＴ）：

過一段時間後，必有別的廠商模仿製造並切入市場。（但仍繼續保持商品優勢）

商品策略

商品定位

為避免捲入化妝品混戰市場而身敗名裂，本組商品的推出以否定化妝品市場為利基點，強調化妝只是一種修飾，化妝的目的並非為了改變空貌，在文宣上強調「美麗的妳只需要稍加修飾」，並以「別讓化妝品喧賓奪主」為文案重點訴求，一方面支持本產品強調旳「修飾性」說法，一方面暗示化妝品並非市場主力商品，意即否定化妝品市場。文案實例：「化妝並不一定只使用化妝品，你有第二種選擇。」

商品品牌

為了支持「否定化妝品市場」，本組產品之命名必須避開「化妝品」之稱呼，並有別於一般命名習慣，此外本產品名稱宜表輕巧、貼身之特性，故命名為「BestChoice 倍巧隨身飾」提供非化妝品的「最佳選擇」（Best Choice）。

商品包裝

由於本組產品目標市場區隔爲中收入之上班族女性及中學、大專女學生兩種客層，故爲符合其心理需求，將產品分爲淑女系列及少女系列，但事實上兩種系列只布外包裝及內含量稍化變化，以避免庫存量過多。

淑女系列：
　　包裝重點：典雅、大方
　　產品組合內容物：口紅、腮紅、眼影組（2個）
　　規格：7.5cm×6cm×1cm

少女系列：
　　包裝重點：新潮、可愛
　　產品組合內容物：口紅、腮紅、眼影組（2個）
　　規格：6 cm×6cm×1cm：

附件：
　　各系列產品均附絨質料外袋，並於袋上縫製小袋以裝置口紅筆、腮紅刷、眼影筆等用具。

訂價策略

針對中收入上班族及學生所設計之產品價位勢必不能過詗，而太廉價的產品亦容易使顧客對品質起疑，並影響產品定位及形

象，故本組產品以中價位切入市場，配合不同系列而訂價：

1. 淑女系列：800元／組
2. 少女系列：600元/組（註：兩種系列另有單品訂價，消費者可保留空盒，只更換內容物。）

通路策略

行銷的通路之決定主要考慮下列兩個原則：

1. 產品形象
2. 主力客層之分布區域及消費習性。
   (1) 百貨公司專櫃
   (2) 三商百貨（連鎖店系統）
   (3) 精品店
   (4) 屈臣氏
   (5) 少淑女服飾店附設專櫃
   (6) 超市附設專櫃
   (7) 校園附近較大型之超商店
   (8) 機場專櫃
   (9) 直銷
   (10) 統一超商連鎖店系統（7-ＥＬＥＶＥＮ）

推廣策略

市場切機會點

　　本產品行銷重點為強調「化妝大費周章，而且使妳失去真面目，隨身飾輕巧方便，隨身修飾，令妳容光煥發而不失真美。」

廣告策略

　　除了化妝品以外，妳還有第二種選擇，此為永久之商品定位。

1.經費運用：初期集中火力於大台北地區做密集出擊，並將宣傳重點集中於電視廣告建立品牌形象並教育消者。

2.媒體：
　　(1)電視CF：八點檔、女人女人、來電五十
　　(2)廣播：ＩＣＲＴ、中廣青春網、流行網、感性時間
　　(3)雜誌：儂儂、姊妹、錢、電視周刊、時報周刊、黛
　　(4)報紙（民生報、中國時報、聯合報、工商時報、經濟日報）
　　(5)海報、ＤＭ、ＰＯＰ廣告

促銷活動

上市期間之促銷
1. 樣品試用
2. 商品發表會，會中並免費指導化妝，可區分少女組及淑女組進行
3. 試銷期附贈口紅筆、腮紅刷等用具組合
4. 舉辦舞會（化妝舞會）
5. 公開甄選平面模特兒（至各經銷處索取報名表，或於產品售出時附於產品內，參選方式以照片通訊，合格者再通知試鏡，不限身訽體重，以增加參與率。）

配合節日促銷（折扣或購滿定額附贈獎項方式）
1. 婦幼節（婦女節與兒童節組合）
2. 母親節
3. 畢業熱潮（以畢業舞會、步入社會謀職為訴求重點）
4. 歲末感恩、耶誕禮讚
5. 週年慶

與其他行業搭配直銷系統
1. 保險公司
2. 房屋仲介業
3. 娛樂業

企業學院

不做總統，就做廣告企劃

【實戰廣告策略】

許長田 博士著

- 沒有企劃　就沒有企業
- 廣告係整合行銷傳播的戰略與戰術之執行力
- 廣告媒體戰略與廣告表現
- 行銷贏家與廣告高手唯一的選擇

許長田叢書系列

企業應變力
〔企業經營實戰策略〕

許長田 博士著

- 企業又精又贏的實戰策略
- 企業成功關鍵要素KSF的
  表現策略
- 企業經營的方針管理與
  高績效管理

企業內訓與顧問指導學程

許長田　教授　親自指導授課

課程種類：

一、科技快速變化時代的經營策略

二、企業文化經營理念的再造策略

三、企業龍頭經營戰力提昇實戰策略

四、走動式管理與企業經營管理實戰

五、企業永續經營的成功策略

六、台灣企業國際化的成功策略

七、OEM／ODM／OBM／國際行銷策略

八、國際市場開發實戰策略

九、行銷策略企劃實務

十、TOP SALES業務訓練

十一、營業主管銷售管理實務

十二、如何成為行銷高手

＊以上每一種課程時數均為30小時

＊歡迎連絡洽商！

＊行動電話：0910043948

E-mail: hmaxwell@ms22.hinet.net

http://www.marketingstrategy.bigstep.com

千萬別患了「行銷近視病」!

產品品質榮獲ISO國際認證並不等於有行銷業績!
貴企業欲提高行銷業績,必須具備全方位成功行銷策略!

真正MARKETING 全方位實戰顧問指導
沒有行銷策略就沒有企業利潤!

許長田指導企業行銷策略與規劃行銷企劃案!

全國著名行銷實戰顧問許長田為 貴企業行銷問題把脈
並移植行銷戰力於 貴企業內成長!

台灣市場與國際市場行銷實戰顧問專案

1. 總經理行銷謀略專案指導
2. 工商企業界行銷問題專業指導
3. 台灣企業國際化實戰策略指導
4. OEM國際行銷策略大公開
5. 許長田 親自為 貴企業規劃行銷企劃案
6. 突破行銷業績之行銷顧問專案
7. 營業主管 / TOP SALES提昇行銷戰力指導專案
8. 經銷商行銷管理與物流管理專案指導
9. 因應國際BUYER之國際市場開發實戰策略專案指導
10. 台灣市場通路戰、廣告戰、媒體戰策略指導專案
11. 台灣市場價格戰、定位戰、卡位戰策略指導專案
12. 企業再造工程、改造策略、經營體質改善指導
13. 經營戰略企劃專案診斷輔導
14. 企業轉型與經營多角化策略專案指導
15. 商店行銷連鎖加盟專案指導
16. 針對貴公司產品或行業常年顧問指導行銷實戰

貴企業之任何市場行銷、商店行銷、國際行銷、直銷傳銷、企業改造、廣告企劃、企業市場行銷、業績突破、經營管理、業務訓練、企業策略、行銷實戰等問題,每月只需花一份經理級的薪水,就能請到許長田顧問為您指導行銷各種問題。

弘智文化價目表

書名	定價		書名	定價
社會心理學（第三版）	700		生涯規劃：掙脫人生的三大桎梏	250
教學心理學	600		心靈塑身	200
生涯諮商理論與實	658		享受退休	150
健康心理學	500		婚姻的轉捩點	150
金錢心理學	500		協助過動兒	150
平衡演出	500		經營第二春	120
追求未來與過	550		積極人生十撇步	120
夢想的殿堂	400		賭徒的救生圈	150
心理學：適應環境的心靈	700			
兒童發展	出版中		生產與作業管理（精簡版	600
為孩子做正確的決定	300		生產與作業管(上)	500
認知心理學	出版中		生產與作業管(下)	600
醫護心理學	出版中		管理概論：全面品質管理取向	650
老化與心理健	390		組織行為管理學	出版中
身體意象	250		國際財務管理	650
人際關係	250		新金融工具	出版中
照護年老的雙親	200		新白領階級	350
諮商概論	600		如何創造影響力	350
兒童遊戲治療法	出版中		財務管理	出版中
認知治療法概論	500		財務資產評價的數量方法一百問	290
家族治療法概論	出版中		策略管理	390
伴侶治療法概論	出版中		策略管理個案集	390
教師的諮商技巧	200		服務管理	400
醫師的諮商技巧	出版中		全球化與企業實	出版中
社工實務的諮商技巧	200		國際管理	700
安寧照護的諮商技巧	200		策略性人力資源管理	出版中
			人力資源策略	390

書名	定價		書名	定價
管理品質與人力資	290		全球化	300
行動學習法	350		五種身體	250
全球的金融市場	500		認識迪士尼	320
公司治理	350		社會的麥當勞化	350
人因工程的應用	出版中		網際網路與社	320
策略性行銷（行銷策略）	400		立法者與詮釋	290
行銷管理全球觀	600		國際企業與社會	
服務業的行銷與管理	250		恐怖主義文化	
餐旅服務業與觀光行	690		文化人類學	650
餐飲服務	590		文化基因論	出版中
旅遊與觀光概	600		社會人類學	出版中
休閒與遊憩概	出版中		血拼經驗	350
不確定情況下的決策	390		消費文化與現代	350
資料分析、迴歸、與預	350		全球化與反全球	出版中
確定情況下的下決策	390		社會資本	出版中
風險管理	400			
專案管理的心法	出版中		陳宇嘉博士主編14本社會工作相關著作	出版中
顧客調查的方法與技	出版中			
品質的最新思潮	出版中		教育哲學	400
全球化物流管理	出版中		特殊兒童教學法	300
製造策略	出版中		如何拿博士學位	220
國際通用的行銷量表	出版中		如何寫評論文章	250
			實務社群	出版中
許長田著「驚爆行銷超限戰」	出版中			
許長田著「開啟企業新聖戰」	出版中		現實主義與國際關	300
許長田著「不做總統，就做廣告企劃」	出版中		人權與國際關	300
			國家與國際關	300
社會學：全球性的觀點	650			
紀登斯的社會學	出版中		統計學	400

書名	定價		書名	定價
類別與受限依變項的迴歸統計模式			政策研究方法論	
機率的樂趣	300		焦點團體	250
			個案研究	300
策略的賽局	550		醫療保健研究法	250
計量經濟學	出版中		解釋性互動論	250
經濟學的伊索寓言	出版中		事件史分析	250
			次級資料研究法	220
電路學（上）	400		企業研究法	出版中
新興的資訊科技	450		抽樣實務	出版中
電路學（下）	350		審核與後設評估之聯	出版中
電腦網路與網際網	290			
電腦網路與網際網	220		**書僮文化價目表**	
社會研究的後設分析程序	250			
量表的發展	200		台灣五十年來的五十本好書	220
改進調查問題：設計與評估	300		2002年好書推薦	250
標準化的調查訪問	220		書海拾貝	220
研究文獻之回顧與整合	250		替你讀經典：社會人文篇	250
參與觀察法	200		替你讀經典：讀書心得與寫作範例	230
調查研究方法	250			
電話調查方法	320		生命魔法書	220
郵寄問卷調查	250		賽加的魔幻世界	250
生產力之衡量	200			
民族誌學	250			

行銷超限戰

作　者／許長田博士著
出 版 者／弘智文化事業有限公司
登 記 證／局版台業字第 6263 號
地　　址／台北市中正區丹陽街 39 號 1 樓
電　　話／（02）23959178・0936252817
傳　　真／（02）23959913
發 行 人／邱一文
郵政劃撥／19467647　　戶名／馮玉蘭
書 店 經 銷／旭昇圖書有限公司
地　　址／台北縣中和市中山路 2 段 352 號 2 樓
電　　話／（02）22451480
傳　　真／（02）22451479
製　　版／信利印製有限公司
版　　次／2003 年 10 月初版一刷
定　　價／300 元

ISBN　957-0453-65-6（　裝）

國家圖書　出版品預行編目資料

行銷超限戰／許長田
　著；--初版. --台北市：弘智文化；2003〔民 92〕
　面：　公分

　ISBN 957-0453-65-6（　裝）

　1. 市場學—個案研究　2. 銷售—個案研究

496　　　　　　　　　　　　　　91013166